「聆听大师」丛书

听林语堂谈生活艺术

王恬／著

时事出版社

前　言

林语堂生于1895年，是福建龙溪一个基督教牧师的儿子。林语堂1912年进入上海圣约翰大学读书，毕业后在清华大学任教。1919年之后，赴美国哈佛大学攻读文学专业，之后辗转法国和德国，1922年获得硕士学位，1923年获得莱比锡大学博士学位，毕业后回国任北京大学教授、北京女子师范大学教务长和英文系主任等。1947年，任联合国教科文组织美术与文学主任。

林语堂先生学贯中西，早年出身贫困，学习经历坎坷，使他在深刻理解中西方文化的同时，对生活也有不同的认识。他从1924年开始成为《语丝》主要撰稿人，发表一些闲适中充满睿智的文章。他在散文创作中擅长将中西文化精神融会贯通，对生活的艺术进行思考和剖析，因而形成了独特的文风。1935年，林语堂创办《宇宙风》，提倡一种“以自我为中心，以闲适为格调”的小品文，此后写了《吾国与吾民》《风声鹤唳》《孔子的智慧》《生活的艺术》等文化著作，在闲适小品文方面进行了更深入的探索。

林语堂的散文和小品文所涉领域极广，他非常强调生活的艺术化，因而对散文的生活化和艺术化都有独到的见解。他认为，理想的散文语言要自然，节奏要和谐，不能远离生活和艺术，应好似在风雨之夜与好友围炉谈天，满怀情感，亦庄亦谐。优秀的散文可以像与高僧谈禅，充满对人生的见解和智慧，又可以像与名士谈心，抒发高雅的生活情调，看似散漫，却又欲罢不能，读其文如闻其声，听其语如见其人。

正因为有这样的见解，他的文章以闲适幽默、性灵超远为基本格调，并创造性地将西方的“humour”译成“幽默”，文字自然、生动、流畅，幽默但不粗俗，淡雅自成意趣。他将这些文字渗透到对生活的理解中，进而形成一种心灵体悟和智慧，拓宽了小品文的审美维度和空间，对读者影响甚大。林语堂先生不愧为一个“幽默大师”，他的文章直抒性情，文风清淡、隽永、甘美，他的幽默自成一派，一言一句中透着诙谐轻松的智慧，使艺术文化的审美不经意间通过轻快的文字渗入读者心间。

林语堂先生认为，生命中的每一天都是礼物，都是经历和祝福。在情绪跌宕时，不妨停下急促的脚步，环顾四周，用心去视、去闻、去嗅、去触。这样就不难看到，原来生活也可如这般轻快愉悦。无论是对文章还是生活，林语堂先生的态度总是如此。他晚年自诩为道家精神，性灵达到了洒脱超远的境界。因而，读者看他的散文，细品他的闲适精神，都能感受到他将高雅精致和朴素无华交织在一起，就像呷着香淡爽口的清茶。他告诉我们何为人生，让我们拥抱生活。

本书选取林语堂先生的文章，从享受的艺术、幽默的艺术、婚恋的艺术、处世的艺术、修身的艺术、交友的艺术、治学的艺术、说话的艺术、苦乐的艺术等角度出发，挖掘他“热心冷眼看人间”的智慧。他以生活的享受者和旁观者为立场，将人世间的一切纷繁都视为精彩的戏码。他告诉读者，生活就是投入情感和心境，认真地演戏，认真地观戏，进得去出得来，达到一种冲淡的心境。一个人的生活如果能够艺术化，他就不会被苦难艰辛所困扰，就会创造出自己的智慧人生。

目录

NO. 1 / 闲适的生活，只需一颗怡静的心 ——林语堂谈享受的艺术

NO. 2 / 幽默只是智慧之刀的一晃
——林语堂谈幽默的艺术

NO. 3 / 婚姻是一双适脚的旧鞋
——林语堂谈婚恋的艺术

NO.

4 / 看破浮生过半，半之受用无边
——林语堂谈处世的艺术

NO.

5 / 敬天，爱人，惜物
——林语堂谈修身的艺术

NO. 6 / 天下有一知己，可以不恨
——林语堂谈交友的艺术

NO. 7 / 智者阅读群书，亦阅历人生
——林语堂谈治学的艺术

NO. 8 / 所谓人情世故，一半儿在说话里 ——林语堂谈说话的艺术

NO. 9 / 苦中作乐是最甜蜜的回忆 ——林语堂谈苦乐的艺术

NO.1

闲适的生活，只需一颗怡静的心

——林语堂谈享受的艺术

生命的品质，在于体验。身处高位又如何？腰缠万贯又如何？博览群书又如何？心情不好，不快乐，体验不到幸福，一切便无从谈起，生命也没有意义。

为什么会有这种矛盾，是因为很多人误读了奋斗的意义，盲目往前冲，以虚幻的未来作为自己的奋斗目标，不明白当前的美好也是很重要的，也需要努力去争取。毕竟，人生是一个过程，而不是结果。

所以，在充满焦虑的现代社会，我们需要懂得生活的艺术，懂得享受的艺术。让我们在忙碌中，享受优雅、从容而不失秩序的完美生活。

· 1 ·

人类，唯一要工作的可怜动物

人类的生活终究须由工作和游息循环为用，即紧张和松弛相替为用。男人的脑力和工作能力也如女人的身体一般，每月有一种循环式的变迁。……我们只有藉着将工作时间中完全挺直的姿势和工作完毕后躺在睡椅中的舒服姿势循环变换，方能成就生活的最高智慧。

——林语堂

所谓工作，就是用劳力和时间来换取物质资料，虽然违背本性，但却让人类最为高效地满足了自己的物质追求和精神追求。

林语堂是一个讲究自我的人，他懂得怎样去调剂生活、享受生活，让生活变得闲适。在《生活的艺术》一书中，他告诉了人们如何在工作之余提高自己的生活质量，如何享受有品味的生活。但追求生活质量，也不是让我们放弃所有的理想，而是要以现实生活为基础、以快乐为原则地追求理想。

为梦想而工作是最有价值的

每个人都有梦想，每一个行业也都有佼佼者。纵观职场，只有深刻地感受到工作乐趣、爱上工作的人，才能真正全身心地投入工作，把工作做得尽善尽美。所以，充实而快乐的生活就是让自己在自然的心灵下坦然工作，只要我们能够倾听自己内心的声音、减少那些追逐名利的烦恼，就能让自己在工作中实现价值，找到快乐。

1940年11月27日，一个名叫布鲁斯·李的小男孩出生在美国的三藩市。由于父亲是演员，所以他从小就有机会跑龙套，时间一长，不免产生了做演员的梦想。不过，为了改善他虚弱的体质，父亲让他拜师习武。后来，他和正常人一样上学、结婚、生子，但是心里却从未放弃当演员的梦想。有次，他在与朋友闲聊时谈起了自己的梦想，一时间激情澎湃，便随手找来一张便笺，字迹工整地写着："不久之后，我布鲁斯·李将会成为全美国最高薪酬的超级巨星，我将会用我最激动人心、最具有震撼力的演出来回报大家。1970年，我将会赢得世界性声誉；1980年，我将会拥有1000万美元的财富。到那时，我和我的家人将过上幸福开心、安稳平和的生活。"这时，服务员走了过来，看了一眼他写的便笺，流露出一丝嘲笑，但布鲁斯·李却并不在乎。当时，他正处于人生最穷困潦倒之际，但他为了实现梦想，却可以坦然面对别人的嘲笑。从此，他把这些话牢记在心，不断努力，克服了无数常人难以想象的苦难。有次，他在演出时因为意外而伤到了脊骨神经，医生宣告他的后半生将要在轮椅上度过。然而，他在床上躺了四个月后竟然奇迹般地站了起来。1971年，他主演的电影《唐山大兄》《精武门》《猛龙过江》等电影均刷新了香港票房纪录，命运之神终于眷顾了他；1972年，他又主演了香港嘉和公司与美国华纳合作的《龙争虎斗》，也正是这部电影，让他成为了一名国际巨星，被百万影迷称赞为"功夫之王"；1998年，他被美国的《时代周刊》评选为"20世纪英雄偶像"，是唯一入选的华人，他就是李小龙，是迄今为止在世界上享誉最高的华人演艺明星。

"滚石不生苔，静石布满藓。"工作少不了梦想，梦想承载着工作。当我们在工作时，难免会遇到各种各样的艰难险阻，但不管遇到任何工作压力，都不能满腹牢骚地得过且过。我们要学会用平和的心态面对工作，用学习的心态把每个工作任务看作新的开始和体验，坚持下去，就一定可以找到通往成功的希望之门，并绽放出自己的光芒。

生活，需要快乐地工作

林语堂说过：“我们不去追求完美的理想，不去追寻那势不可得的事物，不去穷究那些不可得知的东西……最重要的问题是怎样去调整我们的人生，使我们得以平和地工作，旷达地忍耐，幸福地生活。”快乐的生活需要快乐的工作，没有工作，就没有了生活的保障；没有快乐的工作，就没有了生活的意义。所以，无论在工作中遇到什么困难，都不要苦恼，只要我们用积极向上的热情态度来对待工作，就会拥有一份能让自己真正快乐的工作，生活就会因快乐的工作而更加充实，丰富多彩。

有个人看见三个砌墙工人正在一起砌墙。于是，他来到离自己最近的一个工人跟前，问道：“你在做什么呢？”这个工人还没抬头看一眼，就没好气地说：“没看见吗？我在砌墙！”这个人没有再说话，而是转身来到了第二个砌墙工人跟前，用同样的语气问道：“你在做什么呢？”第二个工人早就注意到了这个人的存在，也听到了他问的问题，回答道：“我在建一幢漂亮的大楼！”同样，这个人也没有回答，又转身来到了第三个砌墙工人面前，再次问了这个问题。只见第三个砌墙工人边哼着小调，边微笑地看着这个人，回答道：“我在建一座美丽的城市！”

很显然，截然不同的回答代表着三种工作态度，不说三个工人最后的命运如何，仅仅是第三个工人的工作态度就足以让人对他另眼相看。在这个故事的最后，第三位工人终于成为了前两位工人的老板。

面对同一份平凡的工作，有人觉得枯燥无味，有人却觉得充满快乐。在现实生活中，如果我们像第一个工人一样很消极烦躁地面对自己的工作和生活，那么就算我们全身心地投入，也很难有太大的成就，因为你根本就不热爱它。

很多时候，保持一个正确的态度面对生活，把压力转化为动力，就能处理好眼前的问题和困难。对于聪明人来说，对待自己的工作，始终保持主人翁的精神，就能最大限度地从工作中汲取经验，并从中得到更多的收获。所以，如果我们想要在快乐中生活，就要始终以一份积极热情的心态来面对生活，并做一个善于学习和总结的人。只有这样，才能在工作中做出更多的成绩，才能收获幸福和快乐。

·2·
你的心灵欢乐吗

人类一切快乐都发自生物性的快乐。这观念是绝对科学化的。这一点我必须加以说明，以免被人误解，人类的一切快乐都属于感觉的快乐。

——林语堂

历史上名垂千古的名人有很多，但真正注重心灵欢乐的并不多。孔子和陶渊明便是这为数不多中的典范。孔子曰：“人不知而不愠，不亦君子乎？”他带着平和而舒坦的内心告诉我们什么才是心灵欢乐；陶渊明为我们勾画出“黄发垂髫，并怡然自乐”的世外桃源，让欢乐生长在每一个人的心灵里。

在林语堂看来，孔子和陶渊明正是自己所敬仰之人，他想要有孔子语出平淡的脚踏实地，又想要像陶渊明一样，做一个充满智慧和快乐的老人。我们也可以做到这样：当在清晨的早上看到一枝生机勃勃的新鲜嫩芽，或在路边小径看到一朵随心绽放的美丽野花，嘴角不由自主地添上一抹微笑，在心灵深处得到一份久违的欢乐，那种不尽言语的感觉，便是心灵的快乐。

心灵欢乐，摆脱物质生活的困扰

心灵的欢乐才是真正的欢乐，与外在的物质生活也有着紧密的联系。生活中，很多人会为了生存和发展，拼命地追求物质上的东西，他们认为，物质的多少不仅体现着一个人的社会价值，而且还象征着一个人的身份地位。这显然过于片面，因为世界上还有很多伟人崇尚淡泊名利的心境，并不一味地追求物质的富有。

孔子一生收了很多弟子，也很器重他们，比如颇有领导才能的子路和具有国相才能的冉由。有次，孔子在教育弟子时，问到了一个关于理想的问题。这些弟子们都满怀信心地回答了，希望自己可以得到老师的肯定。然而，令大家意想不到的是，孔子竟然只同意了曾皙的观点。曾皙曰："莫春者，春服既成。冠者五六人，童子六七人，浴乎沂，风乎舞雩，咏而归。"他的理想很简单，就是渴望自己可以在万物复苏的阳春三月里换上初春的衣服，和几个相交甚好的朋友，带上一群调皮可爱的孩子，一起到已经开冻的沂水里痛痛快快地洗个澡，再去沂水边的舞雩台上享受春风的温暖，让自己在春风的吹动下完全融进大自然，并让心灵在美丽的大自然中接受洗礼，然后再哼着小调，满足而快乐地回家。

曾皙将自己全身心地融入到大自然里，让心灵与大自然相融合，摆脱了沉重的社会教条约束。这一番平淡的话体现出丰富的内涵，孔子之所以赞同他的理想，也正是这个原因。

再远大的理想，也是建立在一个简单的起点之上的。真正的欢乐既不是一种物质生活的奢侈，也不是一种高高在上的通达官运，而在于心灵的恬淡宁静。孔子生活的正是一个物质极其贫乏的时代，他们对理想的憧憬和心灵的富足才是真正欢乐的源泉。

用心灵来倾听欢乐

快乐是心的感觉。快乐也往往就在我们身边，而我们却常常忽略而看不到。

当我们遇到挫折、痛苦时，要学会静静地倾听，倾听心灵深处那些单纯的存在。然而，生活环境的影响、时间和阅历的经验，都会让我们多一些阻碍，让我们很难静下心来去倾听。但无论怎样，只要你用尽全心，就会对世事和他人多一份理解和宽容；只要你用心倾听，就会让心灵与欢乐相伴，让生活更加充实。

有一个人，他生前善良且热心助人，所以他死后升上了天堂，做了天使。他当了天使后仍时常到凡间帮助人，希望感受到快乐的味道。

一日，天使遇见一个农夫，农夫的样子非常烦恼，他向天使诉说："我家的水牛刚死了，没它帮忙耕田，我怎能下田作业呢？"于是天使赐他一头健壮的水牛，农夫很高兴，天使在他身上感受到快乐的味道。

又一日，天使遇见一个男人，他非常沮丧地向天使诉说："我的钱被骗光了，没盘缠回乡。"于是天使给他银两作路费，男人很高兴，天使在他身上感受到快乐的味道。

再一日，他遇见一个诗人，诗人年轻、英俊、有才华且富有，妻子貌美而温柔，但他却过得不快活。天使问他："你不快乐吗？我能帮你吗？"诗人对天使说："我什么都有，只欠一样东西，你能够给我吗？"天使回答说："可以，你要什么我都可以给你。"

诗人目光直直地望着天使："我要的是幸福。"这下子把天使难倒了，天使想了想，说："我明白了。"天使拿走了诗人的才华，毁去他的容貌，夺去了他的财产。

天使做完这些事后，便离去了。

一个月后，天使再回到诗人的身边，他那时饿得半死，衣衫褴褛地搂着妻子不住地向天使道谢，因为他知道什么是幸福、什么是快乐了。

很多时候，快乐离我们并不遥远，就围绕在我们的身边，只是我们没有察觉到，也不懂得珍惜，只有等失去了才觉得可贵。

你是否经常觉得烦恼、孤寂、不幸、痛苦？你是否感受过快乐？你是否品尝过幸福的味道？仔细想想，所谓的烦恼、孤寂、痛苦等消极的情绪，其实只是相对而言的。没尝过痛苦，又怎知何谓快乐的人生？人有时候很奇怪，每每拥有幸福的时候，不懂得这些就是幸福，总是要到失去以后才发现，幸福与快乐其实早就放在了面前。

肚子极饿时，有一碗热腾腾的面放在你眼前，是幸福，会给你快乐的感觉；累得半死时，有一张软软的床让你躺上去，会让你快乐无比……快乐没有绝对的定义，更多的只是一种心的感觉。快乐与否，只在乎你的心怎么看待。你要是总感觉自己处处不如别人，钱没有别人多、地位没有别人高、妻子没有别人的漂亮、丈夫没有别人的体贴、孩子没有别人的聪明，那么你永远不会满足，也永远不会感到幸福。

不幸往往源于自己，烦恼往往源于比较，痛苦往往源于不知足。心好一切都好，心美一切都美，心快乐一切都快乐，心幸福一切都幸福！当你拥有了一颗愿意发现美好、快乐和幸福的心时，你就拥有了一双找到幸福的慧眼，幸福也会一直追随着你。

·3·

尘世是唯一的天堂

有时我们太富于野心，看不起这个卑低的，但也是宽大的尘世。可是我们如要获得精神的和谐，我们对于这么一个孕育万物的天地，必须有一种感情；对于这个身心的寄托处所，必须有一种依恋之感。

——林语堂

“人有悲欢离合，月有阴晴圆缺。”这便是尘世的真相。我们之所以爱它，就是因为它是世间唯一的天堂。林语堂在《生活的艺术》中写道：“我们属于尘世，与这尘世不可分，我们在这尘世好似一个过客，这是事实难以否认。即使尘世是一个黑暗地狱，但我们总得尽力使生活美满。”的确，光明和黑暗充斥着现实的生活，我们与其抱怨种种痛苦，却不如勇敢面对，坦然处之，努力让生活变得更加美好。

学会“关心”，让尘世变成天堂

林语堂在《尘世是唯一的天堂》中写道：“如果人们的信念和我的一样，认为尘世是唯一的天堂，那么他们必将更竭尽全力，把这个世界造成天堂。”其实，他在言语之间为我们指点了尘世生活中的信念和乐趣。告诫我们，在面对生活中的种种不如意时，要懂得取舍，学会关心他人，至少我们还活着，还能享受世间万物带给我们的阳光和空气。

曾有一个关于天堂与地狱的故事，故事的主人公约翰为了不让自己后悔，去参观了天堂和地狱，为自己选择死后的归宿。他先来到了地狱，映入眼帘的是一张摆满各种美味佳肴的餐桌，所有的人都围坐在餐桌旁。不过，让他奇怪的是，他们个个面黄肌瘦、无精打采。原来，这里的每一个人都被左臂捆上一把叉、右臂捆上一把刀。因为叉和刀的手把足足有四尺长，所以他们吃不到美味佳肴，只能眼睁睁地看着食物而自己挨饿。随后，约翰又来到了天堂，竟然发现这里所有的摆设跟地狱完全相同，但这里的人却都精神饱满，甚至每个角落都充满了欢声笑语。约翰又迷惑了，难道他们都不怕挨饿吗？原来，这里的人都把自己的食物递给旁边的人食用，保证每个人都可以吃上美味佳肴。

天堂里的人和地狱里的人截然不同，天堂里的人之所以都可以品尝到美味佳肴，正是因为他们懂得无私地帮助他人；地狱里的人之所以都挨饿，正是因为他们自私地只顾及自己。

很多时候，天堂和地狱只有一步之遥，生活在天堂的人懂得人与人之间的温情关爱，形成了一个充满欢声笑语的场所。事实也证明，只有互相关心、互相帮助才能生活得更美好。在现代社会里，人们面临越来越多的竞争和挑战，要想生活得美好，必须要学会合作，而合作的重要条件就是要学会“关心”。

亲人相隔千里万里，能够打上一通电话、寄上一纸卡片，是一种关心；听人倾诉，给予安慰，是一种关心；专程访问，是表达关心；给病中的朋友或亲人送上一份礼物，也是一种关心。总之，关心他人，代表的是一种善意和友爱、一种祝福和牵挂。

尤其是弱小和遭遇苦难的人、失意和经受挫折的人，更需要他人的关心。一些鼓励的话语、一封慰问的信函、一次适时的探望，对对方来说，也许会影响一生，成为其重要的转折点。

关心，是一种精神的帮助，有些时候它比物质、金钱的救助更为重要。凡是有善心的人，都应该抱着“人饥己饥，人溺己溺”的爱心，给予救灾恤贫，给予多方协助。如果人人都能如关心自己一样去关心他人，世界必将变得如天堂般美好。

人生，在尘世中坦然面对

坦然面对，不是要求我们不求进取、无所作为、没有追求，而是要求我们无论遇到任何状况，都能够临危不乱、泰然处之。林语堂说过：“我们都相信人总是要死的，一支烛光，总有一日要熄灭的，我认为这感觉是好的。它使我们清醒，使我们悲哀，它也使某些人感到一些诗意。此外，还有一层最为重要：它使我们能够坚定意志。去想过一种合理的、真实的生活，随时使我们感悟到自己的缺点。”人生如梦，会走过无数岁月，只有坦然面对最真实。即使这尘世充满了苦难挫折，我们也要以一种平和的心态，竭尽全力地去努力，去创造幸福。

坦然面对尘世，如同佛教打坐参禅的体会。有次，慧能禅师询问一名整日打坐的弟子，说：“你为什么要终日打坐呢？”弟子回答道：“我参禅啊！”慧能禅师笑了笑，回答说：“参禅与打坐可不是同一回事啊！”弟子很是迷惑，问道：“那你为什么教导我们要安住容易迷失的心来清静地观察一切呢？而且还要求我们终日坐禅而不可以躺卧呢？”慧能禅师点了点头，镇静自若地说：“终日打坐并不是禅，而是在折磨自己的身体。禅定，也不是让你坐如磐石，而是要让身心达到一种极度宁静、清明的状态。禅，表示离开外界的一切物相；定，表示内心安宁不散乱。虽然我们的心灵本是安定的，但外界充满着迷惑的物相让我们心如明镜蒙尘，活得愚昧迷失了。所以，如果你执著于人间的物相，不免会内心散乱；但如果你离开一切物相的诱惑和困扰，就不会心灵散乱了。”弟子躬身而问：

“那我应该怎样避免世间的迷惑，消除妄念呢？”慧能禅师说道：“人间心生毒害的畜生，形成了邪恶的地狱；人间心生慈悲的菩萨，形成了美好的天堂。对于清明和痴迷，普通人会认为它们是完全对立的，而有道行的人却认为这等人的意识并没有太大的差别；生命的本源就是终点，结束就是开始，没有中断就没有连续，没有来就没有去，那些财富、成就、名位和功勋也不过是生命的灰尘与飞烟。”终于，弟子恍然大悟。

生活中，我们若很难保持一颗清净安定的心，便很难发现生活的美好之处。要想智慧存生，就要学会以一种从容的心态对待生活，坦然面对尘世中的一切。从平淡中享受浪漫，从淡泊中享受柔情，让我们的心中充满阳光和宁静，把最美丽的微笑绽放在尘世之中。心静之处，皆为天堂。

·4·

人生如同电影，有笑有泪

在电影中，生活以一种更凝聚的姿态呈现在我们的面前，以一种日常生活所没有的力量感动着我们。如果它不能使人们感动得流泪——如果不能感动我们这些驯良的、有纪律的、传统化的且又以我们的传统自傲的人们，那么还说什么悲剧的通感作用呢？

——林语堂

林语堂先生在看电影时，常常会流泪。在他看来，会被电影或者别的艺术感动而流泪的人，通常是一个比较善良的人。这并没有什么可耻的。

艺术来源于生活，电影中演绎的生活往往比现实生活更具力量，它以一种更为凝集的姿态展现在我们的面前，让我们时而微笑，时而流泪，这也如同人生一般。

人生，犹如一部电影

每个人都是自己生活中的主角。电影《如果爱》的开场白说道："每个人的一生就好像一部电影，而他们就是那部电影里的主角，有的时候他们会以为自己也是别人电影里的主角，但是可能只是一个配角，更说不定他们的片段早被人剪掉了，自己还居然不知道。"或许，我们只是万物之中的一棵嫩草，但只要我们心存阳光，就会让梦想的种子发芽，展现出生机勃勃的生命色彩。

他，出生于贫穷的乡村家庭，学习读书、矛盾争吵、家务农活、奔跑玩耍，组成了他全部的童年回忆。光阴似箭，18岁的他已经长成一个阳光帅气的小伙子，因为他心中一直对跳舞充满着热情，所以他疯狂地迷上了迈克尔·杰克逊和韩国"舞王"南贤俊那炫酷又震撼人心的舞蹈。于是，他顶着繁重的功课、作业、考试等压力，把所有能利用的课余时间都安排在了练习舞蹈上。他通过舞蹈视频和碟片来自己琢磨、模仿，反反复复地研究着各种舞蹈的风格技巧。无论是校园的某一个角落、教学楼顶，还是自家屋子、田野间，都可以看到他苦练的身影。当时，大家都认为他对跳舞走火入魔了，有人夸赞他是跳舞天才，也有人斥责他完全是不务正业、白费功夫。然而，他用坚强意志在舆论纷争中坚持着，一如既往地疯狂练习，虽然没有专业老师的指导，但却成功地自学了Breaking（霹雳舞）、Popping（机械舞）、Locking（锁舞）等街舞舞种。后来，一次偶然的机会，他报名了《中国达人秀》第二季。在这个华丽又朴实的舞台上，他为大家展现出了真正属于自己的光彩，他的舞蹈表演让台下的评委和所有的观众大为称赞。终于，他如愿以偿地获得了“《中国达人秀》第二季冠军”的殊荣。他就是卓君，他用实力证明了即便出身低微，也同样可以成为家喻户晓的大明星。

人生就是一部电影，既是主角又是配角的我们，深刻地体会着其中的悲欢离合、喜怒哀乐，想哭的时候痛哭一场，想笑的时候莞尔一笑。不过，普通的电影几乎都只能上演一个多小时，而人生这部“电影”却是一辈子的期限。所以，要想让这场电影更加有意义，我们更应该把握好现在，保持一种积极乐观的心态面向未来。

在眼泪中懂得人生

古往今来，眼泪在文人墨客的笔下成为表达离愁别绪、悲伤痛苦的象征，我们在这些细腻感触的笔墨下，如亲临其中。我们在品味生活的点点滴滴时，会惊奇地发现眼泪具有一些特殊的分量，它让我们在品尽酸甜苦辣后，懂得了人生，体会到了生活带来的无限温暖和真挚的感动。喜与悲，哭与笑，都是内心最真实的写照，漫漫人生长路又怎能少了眼泪的陪伴呢？

世界一流的女政治家少之又少，而希拉里·克林顿就是其中之一。希拉里出生于芝加哥的一个中产阶级家庭，4岁时的一件事改变了她的性格。当时希拉里总是被社区里的一个霸道的小女孩欺负，她很害怕却不敢做出反抗，每次都泪流满面地跑回家向妈妈诉苦。妈妈心疼地安抚着她，但心疼归心疼，她还是坚定地告诫希拉里：人不犯我，我不犯人。你受到了别人的欺负就一定要勇敢地反击。懵懂的小希拉里似懂非懂，但她真的这样做了。此后，那个霸道的小女孩再也不敢招惹希拉里。而且，希拉里的身边也聚集了越来越多的好朋友，日渐显露出她颇具天赋的领导能力。

莫泊桑说过：“生活不可能像你想象得那么好，但也不会像你想象得那么糟。我觉得人的脆弱和坚强都超乎自己的想象。有时，我可能脆弱得一句话就泪流满面，有时，也发现自己咬着牙走了很长的路。”生活中，我们无不尝试着从一切事物中追求快乐，希望自己的生活充满阳光，远离所有的痛苦和悲伤。但是，生活是需要眼泪的。如果说生命是一棵大树，那么眼泪就是滋润大树的朝露，让我们洗涤了双眼，感悟了人生。

·5·
乐享余年，老是生之必然

人生最长也不过三万六千日，但是那已然够长了。……这一生，他只是永恒在刹那显现间的一个微粒，他究竟是哪一个微粒，又何关乎重要？所以生命毕竟是不朽的、美好的，所以他尽情享受人生。

——林语堂

佛曰：“世间是空、苦、无常，所有的金钱、名利都如同梦幻泡影。”举世之人，无一幸免会经历由生到老这一必然过程。

林语堂说：“一个人绝不能不老，凡自己以为不老的人，都是在那里自欺。人类不能和大自然相对抗，则何不安于由此而老呢？生命的交响曲，其终点处应是伟大的和平晴朗，物质舒适和精神上的满足，而不是破锣破鼓的刺耳响。”当我们离开母体发出“嘤嘤”哭声时，母亲就赋予了我们生命，开启了我们的世间生活；经历漫漫人生长路后，也终究会老去死去。人以五谷杂粮为食，少不了疾病的发生，更逃不过命丧黄泉的那一天。

生老病死，生命的必然过程

林语堂说：“我们都相信人总是要死的，我认为这种感觉是好的。它使我们清醒，使我们悲哀，也使某些人感到一种诗意。它使我们能够坚定意志，去想办法过一种合理的真实的生活，它使我们心中感到平静。一个人心中有了那种接受最坏遭遇的准备，才能获得真正的平静。”可见，无论世间万物怎样变幻，人都必然会经历生老病死，也只有这样，才能有一个完整的人生。

在一座大山里，有一位身怀绝技的大师。在流逝的岁月面前，大师也渐渐变老，他一直想找一个传承人，便想到了自己的两位爱徒。这天，大师把他们叫来，命令他们分别出去捡一片自己认为最完美的树叶。其实，大师之所以给他们安排这个看似很简单的任务，是为了考验他们的心神境界。过了一会儿，两个徒弟一前一后地回来了。第一个回来的徒弟两手空空，沮丧地对大师说：“师父，我在外面看到了无数片树叶，但这些叶子要么不完整、要么不肥厚、要么太单薄，根本就找不出一片完美的叶子。”一叶知大千世界，这位徒弟越想越觉得这个世界太不完美，更是产生了烦恼的悲观情绪。而另一个徒弟却截然相反，只见他兴高采烈地捧着一片叶子，把叶子递给大师后，说：“师父，这就是我找到的最完美的叶子！”那个两手空空的徒弟站在一旁，不免有些惊奇，便扭头瞥了一眼这个所谓完美的叶子。其实，这片叶子看上去和所有的叶子差不多，无论是色泽、筋脉、品相还是重量，都不出众，更谈不上完美了。于是，那个两手空空的徒弟小声嘟囔道：“要是这样的叶子就能称得上完美，那我也能揽回来一满怀。你这岂不是在敷衍师父呢？”只听这个捡回叶子的徒弟回答道：“这片树叶虽然不是很完美，但却是我见到的最完整的叶子。”最后，大师果然把自己的独特绝技传给了那个找回完整树叶的徒弟。

正如落地的树叶，我们每一个人都很难做到绝对完美，但却可以做到完整。人的一生，必然会经历生老病死、喜怒哀乐，在平等的生命面前，我们应该在各有规律的世间万物中保持一份乐观的心态，用洋溢着阳光般笑容的面孔面对生活。

乐享余年，懂得取舍

懂得取舍，说起来容易做起来难。很多人终其一生也无法做到。我们与其苦苦纠结，倒不如静下心来好好思考：我们到底该去追求什么样的人生呢？或许，只有我们经历了得到与失去，懂得了什么是一无所有之后，才能体会到漫漫人生的真正意义，在未来的生活中学会取舍。

在日本，人们都很爱戴一休禅师，当他还是个小沙弥时，就很有禅风。有次，一休在玩耍时，不小心将师父最爱的茶杯给打破了。看着地上破碎的杯子，他的心里忐忑不安，不知道该如何向师父交代。这时，师父正好从远处走了过来，眼疾手快的一休连忙捡起杯子的碎片，两手紧握着背在身后。待到师父走近后，他强装微笑地向师父问好，不知情的师父也面带微笑地打着招呼。于是，一休趁机问道："师父，人为什么一定要死呢？"师父看了看他，意味深长地说："这等便是自然之事，不仅仅是人，世间万物都有各自的寿命，大限一到，就非死不可。"一休一听师父说得如此明了，便顺势拿出手中破碎的杯子，滑稽地对师父说道："师父，你的茶杯大限已到。"

茶杯亦然珍贵，但也只是身外之物，如果到了必须要舍弃的时候，就不能对它执著，因为你一旦对它执著，在失去时便会患得患失。

世间不可能事事都如意，我们经常会遭遇左右为难的情形：比如面对两份同具诱惑力的工作、两个同具诱惑力的追求者。为了得到"一半"，你必须放弃另外"一半"。如果想全部都拥有，或者患得患失，到头来也许会两手空空，一无所得。

一个人的欲望愈多，烦恼便会无穷无尽。所以要懂得取舍。

美国作家杰克·伦敦写过一个故事：两个猎人在荆棘丛生的沼泽地里跋涉逃命，肩上扛着猎枪和沉重的黄金，但枪里却没有子弹。过一条河时，两个人分开了。一个叫比尔的人不舍弃黄金、猎枪，结果倒下了，最后落入了狼口。另一个人舍弃了黄金和猎枪，与追上来的病狼斗智斗勇，病狼倒下了，人却活了下来。

取舍的关键在“舍”，有“舍”才有“得”。如上文的例子，“舍”的是身外之物，却“得”到了身家性命。

人生下来是纯洁的，人的“贪”都是在后天的成长过程中慢慢形成的。当今社会，少数大权在握的官员幻想着鱼和熊掌兼得，虽坐拥金山银山还不满足，至大捞特捞东窗事发而舍命。

人变得贪婪的时候，会什么都不愿放弃，结果却什么也难以得到。

懂得取舍是明智之举，舍是一种本领、一种态度、一种境界。舍得舍得，先“舍”才能“得”，“舍”在前，“得”在后，“舍”与“得”虽是反意，却是事物的两面。

很多时候，人是因为不懂得取舍，才会有许多痛苦。当自己有了取舍的智慧时，就会豁然开朗，生命也会向你展现出另外一个截然不同的景致。

·6·
永葆一颗稚子之心

在不违背天地之道的情况下，成为一个自由而快乐的人。这就好比一台戏，优秀的演员明知其假，但却能够比在现实生活中更真实、更自然、更快乐地表达自己。人生亦复如此。

——林语堂

岁月毫无声息地流逝，人也在不知不觉之中慢慢变老。对于世间的自然规律，没有人可以违背，我们唯一能够改变的，就是保持一颗不老的稚子之心。

林语堂说：“唯有保持一颗宁静的心，不眼热权势，不艳羡富贵，活得纯粹、活得自然，才能求得一个心安。”可见，能够保持一颗稚子之心的人都达到了一种境界，他们不会因失去纯真而活得太累，也不会在充满青春活力的面孔上布满严肃的痕迹；放松自己，无拘无束，让自己展现最真实的一面。拥有一颗永远年轻的心，就能让不老的精神跟上时代前进的步伐，带着奋进的力量为生活增添快乐。

稚子童心，让梦想启航

林语堂说过：“一个人一生出发时所需要的，除了康健的身体和灵敏的感觉之外，就是一个快乐的孩童时期——充满家庭的爱情和美丽的自然环境便够了。在这条件之下生长起来，没有人是走错的。”在大家眼中，林语堂是一个童心十足的人。小时候，快乐的童年生活不仅让他摆脱了内心的阴影，而且还为他的人生奠定了欢乐的基调。

安徒生是人人皆知的童话大王，他用纯真又丰富的笔墨陪伴了一代又一代的孩童。在他很小的时候，父亲以修鞋为生，后来父亲去世，母亲无奈带他另嫁。面对贫穷的生活，安徒生却表现出超乎同龄人的执着与坚强。一个偶然的机会，安徒生见到了英俊的王子，按捺不住喜悦之情的他满怀希望，在王子面前唱诗歌、朗诵剧本，自信地展现了自己。表演之后，王子问他：“你想要什么赏赐呢？”安徒生大胆地回答道：“我想写诗剧，在皇家剧院演戏！”王子不免有些吃惊，心想：这个长着小丑般大鼻子的笨拙男孩竟然提出了如此荒唐的要求，真是自不量力啊。王子沉默了一会儿，告诉他：“你能背诵剧本，并不代表着你能够写出剧本，这两码事怎么能够合二为一呢？我劝你还是去学一门有用的手艺吧。”王子虽然没有说出伤害到安徒生自尊的话，但不免让安徒生有些心灰意冷。然而，回家后的安徒生又做出了一个惊人的决定——打破自己的存钱罐，向母亲和不关爱自己的继父告别之后，就去哥本哈根追逐自己的梦想了。那时，他才14岁。他坚定地认为，只要自己愿意努力，就一定能够成功。可是，他挨家挨户地按响了几乎所有达官贵人家的门铃，却没有得到任何人的赏识，只得衣衫褴褛地流落街头。但心中的执念更是增添了他在碰壁中求生的热情。终于，皇天不负有心人。1835年，他发表的一篇童话故事吸引了众多儿童的目光，离家16年的他终于开启了真正属于自己的新篇章。随后，他写的童话故事被译成了各种文字，畅销于世界各处，安徒生成为家喻户晓的公众人物。

安徒生说：“只要你是天鹅蛋，那么即使你是在鸭栏里孵出来的也没有关系。”你有梦想吗？你想用什么样的方式来让自己梦想成真呢？梦想，用纯真来开启，用努力来实现。选择为梦想坚持，就必定会经历一个充满着艰辛和痛苦的过程，但只要你坚持，便有成功的希望。

稚子之心是一种坚忍

稚子之心是纯真的，每个人都需要它。莱安第斯说：“心是最明亮的眼睛，保护好它，千万别让世间红尘迷住了。”在有限的生命中，为自己所喜爱的事业倾注一生的人大有人在，他们之所以让人感受到一种久违的真挚感，就是因为他们的心如同初冬大雪般纯洁无暇，并显现出超越他人的坚忍与纯真。

佛学泰斗星云大师曾这样回忆自己的母亲：“记得念中学的时候，每个清晨，当我从恍惚的梦境中醒来，就会看见弯着腰在菜地里劳作的母亲。浇水、除草、松土、捉虫，在这一块不足20平方米的菜地里，母亲每个早上都周而复始地从事着同样的工作，从不厌倦。她如同侍候婴儿般的耐心和仔细，精雕细琢，终于，黄瓜早早地报以她金色的花朵，芹菜、韭菜、生菜也婷婷玉立，蓬蓬勃勃。这片菜地，在母亲辛勤汗水的浇灌下，以一片葱郁之美点缀着我们的小院。我们全家人的一日三餐，小孩子四季的衣裳，洒扫庭除、买米买菜……年老的母亲将这些琐碎的日常事务处理得有滋有味。她不声不响、不知疲倦地操持着我们的生活，在不经意间，如一花一草、一菜一蔬，温暖着我们一家人的心灵。母亲从来没有什么豪言壮语，她只是在坚持和隐忍中做事。在那个艰难的年代，我们在母亲的默默带领下，安然度过每一个困难，她是我们的精神领袖。在我看来，母亲是一个成功的女人。”

母亲怀揣稚子之心在坚忍中度过艰难岁月，这种平凡中的坚忍更加难能可贵。平淡如水的生活，一成不变的工作，我们常常因缺少某种激情或达不到理想状态而心生怨艾。因为坚忍，我们才会更加珍惜平淡岁月中的每一点喜悦和圆满。因为坚忍，我们才会远离抱怨，让由衷的笑意绽放在人生路上的每一寸坎坷和泥泞，让我们的内心永远如雨后的小草，清新而明丽。

很多人一经失败便一蹶不振，最终一事无成。而那些能够怀揣稚子之心坚持下去的人，能够忍受一切苦难的人，失败绝对不会是他们最终的命运。每次失败之后，他们会以更大的决心、更多的勇气，继续前进，直到成功。

世界上有很多虽有才干却一事无成的人，也有许多天生聪明却一无所获的人。不是因为他们不够聪明，也不是因为他们运气不好，只是因为在人生的关键时刻，在“黎明”快要到来的时候，他们轻易放弃了，没有坚持；只是因为他们在遭遇挫折的时候，没有忍耐，缺乏坚忍的精神，最终与成功失之交臂。

所以，当遇到人生难题时，或者在工作中遭遇瓶颈时，要咬紧牙关，再坚持一下，再忍耐一下，也许就挺过去了。

·7·

珍惜当下，今天是最伟大的日子

一些中国哲学家在不知不觉中所认为最重要的问题就是：我们要怎样去享受人生？谁最会享受人生？我们不追求完美的理想，不去寻找那势不可得的事物，不去穷究那些不可得知的东西；我们认识的只是些不完美的、会死的人类的本性；最重要的问题是怎样去调整我们的人生，使人们得以脚踏实地地工作、旷达地忍耐、幸福地生活。

——林语堂

林语堂说："对生活的感悟，我最想说的是活在当下。"生活中，我们经常听到"如果以前我把握住了机会，我会……"之类的抱怨，但是，这种抱怨几乎没有任何用处。因为人生是不能从头再来的，一个明智的人，会选择珍惜当下，用心走好每一步，用心设计自己的人生。所以，我们都应该真实地活在当下，即便现实生活中经常会出现不公平，让你觉得愤懑或者不满，甚至让你十分厌烦，那也还是要继续过好我们的生活。

珍惜当下，别无他求

《碧岩录》中写道："安禅何须劳山水，灭却心头火自凉。"当你真正感悟到生活的意义时，就不会被外界的诱惑所干扰，发自内心的快乐会让你从大自然的一滴水、一朵花、一粒沙中看到整个世界，并珍惜当前的生活。

在美国，有一个叫罗伯持的电视记者拍摄到这样两组画面：一组的主人公是一家公司的总经理，此人在办公室里超负荷地忙碌着，虽然他西装笔挺，但神情憔悴、满面疲惫。另一组的主人公是一位在写字楼工作的清洁工，他身着蓝色帆布衣服，破旧但不脏乱，只见他一边清扫垃圾，一边哼着流行歌曲，一副怡然自得的样子。

这两组镜头在电视上播出之后，出现了奇迹：许多穷人不再仇视富人，甚至还有很多富人开始羡慕穷人快乐的生活。

有人问罗伯特原因，他道出了其中的秘密："我将镜头对准富人和穷人的内心。富人因为欲望太多，要挣更多钱，要获得更多名利，一直在不停地追逐，对未来太多期望，所以过得很累，神情疲惫；而穷人因为珍惜当下，生活简单，所以自得其乐。"

富人为钱为物所累，所以不快乐；穷人活在当下，即便物质贫乏，但依然活得幸福快乐。

圣·埃克苏佩里在小说《小王子》里向我们塑造了一个小王子的形象。书中讲述了一个聪明的小王子生活在一个很小很小的星球上，小到星球上只有两座火山、一朵花和一个小人。甚至，小王子坐在椅子上就能观赏到日出、日落的全过程。但小王子很爱自己的星球，并在星球上种了一些自己最爱的玫瑰花。后来，小王子想要寻找自己未曾见到的一些事物，便选择离开这个星球去旅游，临走前，很是不舍的他细心地把星球的一切都打理得井井有条，还给自己最爱的玫瑰花罩上了一个玻璃罩子。就这样，小王子开始了自己的旅行。一路上，他遇到过自言自语的国王、爱慕虚荣的男人、醉醺醺的酒鬼、业务繁忙的商人、辛苦勤劳的灯夫……一年之后，小王子该返回自己的星球了，却发现再也回不去了，而他当初想要通过旅行来寻找的事物也并没有找到，最后他终于明白自己真正的归宿还是自己的星球。但是，一切终究是回不去了。

我们身边也有很多像小王子这样的人，他们完全看不到身边已经有的幸福，而当抛弃身边拥有的开始去寻找时，什么也没得到，还失去了曾经拥有的。

生活中，我们总会因为一时的困难而忽略、甚至放下眼前已经拥有的幸福，去追求那些所谓理想的、根本就触摸不到的东西。这种行为也是一种迷失。漫漫人生原本就很短暂，我们要关注的，不是别人、不是过去，也不是未来。而是应当着眼于当下，珍惜当下。只有这样，才会让自己心神安定，并享受这种安定所带来的幸福快乐。

生活需要一颗安稳的心

林语堂曾说：“当面对生命的起起落落，保持心境平稳，不受动摇，没有嗔恨，不生不净烦恼，总是觉得安定，这就是最大的快乐。”喧嚣的生活充满着各种各样的诱惑，我们在环境和时间的改变下，也经常会被外界打扰，很难在迷失时控制自己的心态，甚至会浮躁不已。但“心静自然凉”，我们要努力保持一颗安宁、平稳的心，就会让生活少几分浮躁，多几分安然。

从前，有一个忠诚的佛教信徒，每天都带着自家的鲜花来寺院供佛。有一次，送花到佛殿的她遇到了从法堂出来的无德禅师，无德禅师很欣赏她能够每天都来供佛，欣喜地跟她打了招呼，说道：“根据经典的记载，经常用鲜花供佛的人会在来世得到庄严相貌的福报。你每天都按时来用鲜花供佛，一定会有好运的。”这个信徒听了，高兴地回答道：“我来供佛是应该的，因为我的心灵也因此受到了安宁的淋浴；不过，当我回到家中时，却会莫名其妙地心生烦乱。我是一名家庭主妇，我应该怎样做才能在喧哗的城市中永葆一颗安定又纯洁的心呢？”无德禅师听后，若有所思地望了她一眼，反问道：“既然你用鲜花供佛，那你一定对花草有所了解，你认为花朵的新鲜应该怎样去保持呢？”信徒想了想，说：“因为花朵的花梗泡在水里容易腐烂，而花梗一旦腐烂就难以再吸收水分，导致花朵提前凋谢。所以，要保持花朵的新鲜，除了给它按时浇水外，还要对花梗定期做一些修剪。”无德禅师双手称赞，很赞同她的观点，告诉她：“这就是你想要保持一颗安定又纯洁之心的道理所在。你看那瓶里的水，就像是我们的生活环境，而我们正是那需要保持新鲜的花朵。要想净化自己的身心、提高自己的气质，就应该不断地自我检讨、改进缺点，不断吸收大自然的正能量。只有这样，才能保持持久的新鲜。不过，每个人原本就拥有一颗宁静之心，所以我们走过的每一个地方都是宁静之处，只要你不被喧闹的因素所迷惑，就一定能享受到生活带来的美好。”就像三伏天喝了一捧清凉的水，无德禅师的话让信徒醒悟了，她知道了如何去拥有生活的安宁和纯洁。

境随心转，如果我们能够做到无德禅师所说的，提升自己、关爱他人、听从内心，那么就很容易得到我们心中所向往的种种美好。正如法国大文学家蒙田先生所说的：“跳舞的时候我便跳舞，睡觉的时候我便睡觉。”所以，一颗安稳的心可以为我们寻求幸福提供捷径，让我们减少了忐忑不安的烦恼和担惊受怕的恐惧，真正地去触摸心灵深处的安宁。

·8·
在路上，一程山水一程歌

一个真正的旅行家必是一个流浪者。……这种流浪精神使人能在旅行中和大自然更加接近，所以这一类旅行家喜欢到阒无人迹的山中去，以便幽然享受与大自然的融合之乐。

——林语堂

当一个人的感官被充分唤醒，不是因为美食和醇酒，也不是因为烟草的佳味，而是因为自然本身。阳光、草坪、鲜花，都是大自然赋予我们的美好事物。对于大自然，人类也似乎有一种难以割舍的感情依托。不过，现实的残酷和复杂却总是将我们的心灵蒙蔽，看不见远处的美景，更看不见身边的美好。所以，我们要经常解放自己，解放心灵，清亮自己的眼睛，舒展我们的心灵，就会突然发现，原来美就在我们的身边。

自然，是最真最美的体现

林语堂说：“人一旦融入自然，就融入了由它构造的宏伟戏剧：丰富、强烈、色彩斑斓。原本脆弱的呼吸也可在瞬间乘着自然的气息穿过田野，抵达更宽阔的彼岸。”大自然，不仅有无穷的魅力，而且有独特的个性风采。春天，万物生长，草长莺飞；夏天，严寒酷暑，绿树成荫；秋天，秋高气爽，硕果累累；冬天，皑皑白雪，银装素裹。真切又美丽的大自然无私地养育了我们，让我们在四季轮回之中不断成长。

在《中国达人秀》的舞台上，出现了许多才华横溢的人。其中，有一对被称为“雨林精灵”的姐妹，更是让这个舞台绽放出独特而唯美的光芒。她们以独特的“两个女孩+一头大象”的表演方式，向大家演唱了动听的《花恋》，展现了大自然与人融合的美妙，让所有人为之赞叹。姐姐林妲，不仅有无师自通的钢琴天赋，而且有充满灵性的绘画天赋，个性十分安静；妹妹宛妲，不仅有一副与生俱来的甜美嗓音，而且具有活力四射的艺术天赋，纯真善良又调皮可爱。这对姐妹花从小就跟随父母生活在大自然中，和动植物一起成长。对她们来说，动植物就是她们亲密的伙伴，大自然就是她们热爱的老师。也正因如此特别的生长环境，才使得她们完完全全地融入大自然的怀抱之中，最终收获了大大的幸福感。

生在雨林，长在雨林，来自大自然的姐妹二人虽然没有接受过城市孩子的传统模式的教育，但却显现出她们非凡的灵动和智慧，还有那份对自然、对动物深厚纯真的爱。

生活就是这样，身处最真、最美的大自然之中，我们的身心将更加美好。一棵生存在森林里的小芽，被大自然包围呵护，接受着天地间的灌溉。人生亦然，当我们不知道该怎么走下去的时候，不如就顺其自然，顺乎本性，或许这就是最好的选择。

亲近自然，绽放最灿烂的生命光华

林语堂说：“亲近自然，就是亲近人类本身，远离它则是远离最灿烂的生命光华。当你忧伤、彷徨的时候，不要忘了走进那片森林或者原野，融入它，就是融入了最美的风景。”无论是一棵大树还是一棵小草，都会在大自然的怀抱中竭尽全力地成长，为大自然增添一道风景线。生活中，当你用心去倾听大自然的声音时，你会发现，一种涌上心头的信念会让你的生命有了坚固的支柱，即使是在逆境中成长，你也终究将学会奔跑、学会体悟，让生命的光华体现在一些繁琐的事情之中。

有一个小伙子，自从毕业后就在心里为自己的未来做了规划——25岁在社会上立足；28岁在自己从事的事业领域中崭露头角；30岁要让父母享受晚年生活；35岁要开创出自己的公司。然而，计划总是赶不上变化，这个小伙子毕业5年了，期间他做过报社记者、营销过化妆品、做过广告策划，时间匆匆而过，他却丝毫看不到自己可能成功的影子，甚至连一个安身的地方都没有打拼出来，更无从谈起自己的人生规划了。一次偶然的机会，心神不定的他在公司后的一个街道花园里瞎转悠，注意到一个老花工正在弯着腰给花草施肥松土。于是，他不知不觉地走了过去，坐在老人身边的一条板凳上。一阵阵幽香缓缓飘来，不免让他心中多了几分喜悦，似乎暂时忘却了生活中的各种不如意。这时，老人停下手中的工作，意味深长地对小伙子说："孩子，你闻到这株玫瑰的香味了吧！这么多年来，我最爱的花就属它了。之前啊，我让路人看这株玫瑰，他们都说这和没开花的月季没什么两样。其实，他们不懂，那些迎春、蔷薇、栀子、茉莉、海棠等花在春天里都争先恐后地散枝开花，只有玫瑰不着急。你细细观察观察这一院子娇艳美丽的花，也唯有玫瑰开得最为酣畅淋漓。因为它们吸足了粪肥提供的营养和大自然给予的雨露精髓，所以才能开出最美丽的花瓣，发出傲人的芳香。"老人的话让小伙子恍然大悟，原来美艳的玫瑰是用大粪滋养的。他向老人深深地鞠了一躬，迅速地跑回了公司。从此，再也看不到他迷茫忧愁的身影，他开始脚踏实地从最底层干起，去图书馆看书，牢记工作中的点滴经验，成为一个踏实能干的人。经过几年的积累，最后他终于成功了，实现了自己最初的梦想。

玫瑰花用它生长时的淡定和成长时的辛苦，造就了自己高贵的品质。做人亦如此，不吃苦又怎会盛放蓓蕾呢？生命短暂，不期而至的挫折和磨难往往会令人无法捉摸，但是生命能否发挥出无限的价值、绽放出灿烂夺目的光彩，都将由我们自己掌握。如果我们不能主宰自己的命运，那么我们就会被命运主宰。所以，无论是贫穷低贱还是富贵缠身，我们都要努力为生活奋斗，在大自然的怀抱中，为值得敬仰的生命绽放出最灿烂的光华。

·9·
爱美，就要投资

一个人从生活的早期起，就去培养生命中的优美的性质，发达高等的情操，高尚的鉴赏。总括一句话，去培养成爱美的习惯……

世界上没有别的一种投资，是比培养的鉴赏这一事来得更上算，更值得了。

——林语堂

林语堂说："一个人从生活的早期起，就去培养生命中优美的性质，发达高等的情操、高尚的鉴赏，总括一句话，去培养成爱美的习惯；从这中间日后真不知能涌现出多少的快意与甘美啊！"聪明的投资者之所以会成功，是因为他们懂得先有投资、后有回报的道理。同样，我们要想获得引人注目的美丽，也需要对此做出投资。但这种投资并不只是付出金钱，更为重要的还是靠自己的努力实现。

爱美之心，人皆有之

爱美之心人皆有之，无论是大人、小孩、男人、女人，都会有一颗爱美之心。林语堂说："爱美一事，有净化、滋润，丰富人的生命力量；而这种力量，别的东西都是不具备的。"人是最爱美的动物，爱美的意识自然会促成我们对美的渴望与追求。

早在古代，就有化妆一说。在南北朝刘宋时期，宋武帝的女儿寿阳公主，是一位姿容甚好的美人。有次，她与身边的侍女一起在宫里玩耍，欢声笑语充满了整个宫殿。过了一会儿，公主玩累了，便在宫殿的房檐下躺卧着。当时，正值梅花盛放，花瓣随着清风的吹拂纷纷飞落，恰好有几瓣梅花落在了她的额头上。谁知，花瓣在公主的额头上留下了斑斑花痕，把公主的脸衬托得更加妩媚娇人，旁边的侍女都忍不住大声称赞公主的美丽。从此，爱美的公主就常常用梅花来贴额，"梅花妆"也就是由此而来的。后来，民间的许多富贵大户的女儿们也纷纷效仿。不过，梅花是有季节性的，并不能每时每刻都能随时供应。于是，有人便想出了一个方法，把其他黄色的花采集在一起制成粉料，用此来化妆。这种粉料被人们称为"花黄"或"额花"，加上采用这种妆饰的都是没有出阁的女子，后来"黄花闺女"便成为未婚少女的专有称呼了。

古代的这种美仅仅就是指漂亮的外表吗？当然不是，它应该是一个泛指一切美好东西的综合称谓，体现的是一个良好的形象。

爱美的人都很注重自己的形象，保持一个良好的形象既是尊重自己，更是尊重别人。对自己而言，美丽可以为人生增添几分自信，可以通过外表和行为来塑造美的内心；对他人来说，美丽可以吸引到他们的帮助和支持，可以为自己赢得信任和好感，为自己的成功助上一臂之力，从而使自己的人生更加精彩。

投资自己，集内在美与外在美于一身

对于自身美的塑造，是一种人类自己才能完美完成的使命。林语堂说：

“‘美’是生活之更新者，元气之恢复者，健康之促进者，甚至可以说是生机之给予。”但是，如果你只是单方面地追求外在美或内在美，那将是一种片面的、不长久的美丽，因为内在美与外在美是相互影响、相互融合的。外在美需要内在美的衬托，内在美也需要外在美的表现。如果一个人外表漂亮而内心丑恶，那么人们并不会对他产生真正的好感；同样，如果一个人相貌平平，但他与人为善，气质优雅，也会让人产生美的感觉。

居里夫人就是那种很漂亮的女子。她上小学时，就因为有着漂亮的外貌而深受周围同学的喜爱；后来上了大学，这个高额头、蓝眼睛、个头高挑的漂亮女子更是成为了人们议论的中心，甚至，男生为了能够多看她一眼或搭上几句话，还常常挤在教室外的走廊里。但是，居里夫人却对这种热闹不屑一顾，恰恰把这种资本作为战胜自我的开端，坚定地追求着自己的远大理想。在家喻户晓的诺贝尔科学奖项中，居里夫人不仅是第一个荣获诺贝尔奖的女性，而且是第一个两次获得诺贝尔奖的科学家。居里夫人从1867年出生到1934年因白血病逝世，共获得了10项奖金、16种奖章、107个名誉头衔。居里夫人本可以因任何一个大奖所带来的荣誉而乐享余生，但她却持有一颗淡泊名利之心，视金钱名利为粪土，不仅将奖金献给科研事业和投资战争中的国家，而且将那些奖章送给6岁的小女儿当作玩具。

爱因斯坦说：“在所有的世界著名人物中，玛丽·居里是唯一没有被盛名宠坏的人。”居里夫人的一生超凡脱俗，她用心中的目标确定自己的价值，用自己的美丽容貌和淡泊名利的精神投资了自己的美丽，成为集外在美与内在美于一身的典范。

美是一种形式与内容相互作用的有机体。在我们身边，有许多人称不上靓女俊男，但在他们身上却洋溢着光彩夺目的内在美：认真、执著、聪慧、敏锐。这是真正的美丽，是和谐统一的内在美。要具有这种内在美，要从身边小事做起：举手投足之间、走路的步态、待人接物的风度、得体的妆扮和服饰、说话时的眼神和语调……加之丰富的知识内涵，必然会慢慢展现出迷人的人格魅力和那种自内而外的气质美。这种集内在与外在于一体的美丽，才是应该追求的。

·10·
“烟仙”雅号伴一生

凡吸烟的人，大多曾在一时糊涂，发过宏愿，立志戒烟，在相当时期内与此烟魔决一雌雄。到了十天半个月之后，才能醒悟过来。我有一次也走入歧途，忽然高兴戒烟起来。经过三星期之久才受良心责备，悔悟前非。我赌咒着，再不颓唐再不失检，要老老实实做吸烟的信徒，一直到老耄为止。

——林语堂

林语堂在《我的戒烟》中说：“我赌咒着，再不颓唐，再不失检，要老老实实做吸烟的信徒，一直到老耄为止。”他还在“惜阴池”腾云驾雾时，又为自己的复吸修了台阶：“但是意志一日存在，是非一日明白时，决不会再受诱惑。因为经过此次的教训，我已十分明白，无端戒烟断绝我们灵魂的清福，这是一件亏负自己而无益于人的不道德行为。”对于林语堂来说，他眼中的烟早已没有了尼古丁的存在，认为烟里只有能让自己精神自由、行为畅快的成分，从而使自己更加从容镇定、心旷神怡。

其实，吸烟对于某些人，同饮美酒、进美食、读好书一样，是一种逍遥自在的精神享受，是人生的一大乐趣。人生亦如此，懂得欣赏自己的人生，才能轻松很多，让自己活得随心所欲，才能更容易找到幸福的通道。

人生需要精神的享受

相比于物质享受，人生的精神享受更为重要，因为人的物质欲望很难满足，就像一条永远也填不满的鸿沟。然而，人生的丰富不仅仅是物质的丰富，更多是指可以让心灵绚丽多彩的精神世界的丰富。所以，如果我们能够把生活保持在欣赏和享受的级别之上，用享受的心境品味世间万物，那么人生就会永远是美好的。

在日本，有一个失业的年轻人一直找不到工作。后来，在朋友的介绍下应聘进了一家汽车销售公司，成为了一名推销员。然而，这个年轻人本性腼腆，说话木讷的他在被几个大客户拒绝后，变得更加胆怯。无奈之下，他决定到宁静的乡下生活几天，然后再回来辞工。于是，他来到了离市区较近的一个乡村里。一个偶然的机会，他看见田边地埂上有几个小孩子正在把盛有温水的水瓶朝一只青蛙倒去。小青蛙本是冷血动物，而这些小孩却用温水耍小青蛙，岂不是在欺辱它吗？然而，那只小青蛙却并没有逃走，反而微微仰起头来，闭住眼睛，一副很是享受的样子。看到这一情景，年轻人有些醒悟，不禁联想到自己面临的处境，大客户的冷眼拒绝岂不正如同于这些向小青蛙泼去温热之水的小孩子吗？为何自己不能学学小青蛙这种无视欺辱、反而随心所欲的心境呢？随后，这个年轻人回到了公司，决定给自己定下个目标，就是每天最少拜访10位客户。就这样，不断坚持的他甚至觉得平时吸烟的习惯都是在浪费时间，便断然戒烟，抽出更多的时间投身于工作之中。终于，这个年轻人成功地成为了日本第一位独立销售1万辆汽车的纪录保持者，被人们称赞为“汽车销售之神”。

他就是奥城良治，他用小青蛙的心境感悟自己，坚持不懈，让自己在人生中始终保持积极的心态，并在这种精神的激励下取得了成功。

生活中，我们不仅需要不断地奋斗和拼搏，而且需要在面对困难挫折时保持精神上的斗志，用享受的心态去消化。只要用心去观察、感受，你会发现，生活中的困难挫折并没什么大不了。

爱好，让精神世界更加精彩

生活中的我们既需要奋力拼搏的工作，又需要静心细养的生活。工作由创造价值决定，是为了坚定我们的物质基础，实现人生价值；而生活则与个人爱好有关，爱好可丰富我们的内心世界，满足我们的精神需求。

读书是很多人的爱好，毛主席一生最大的爱好就是读书。在毛主席的时间观念里，点点滴滴的时间他都要用来看书学习。游泳下水前热身和上来休息的时间、上厕所的时间、喝茶闲谈的时间……他都用在了读书上。在他中南海的故居里，无论是卧室的书架还是办公桌、饭桌、茶几，都被书本占据了大部分的位置。甚至，他的床上也堆满了书本，仅仅留出了他平躺的位置。有次，毛主席发高烧，医生命令他不准看书，好好休息。可他却像一个小孩一样撒娇道："我最爱做的事就是看书，现在你让我躺在这儿，不是吃饭就是睡觉，你知道我有多难受吗？"无奈之下，工作人员只好把没收的书又拿了过来，他这才罢休。此外，毛主席还非常重视历史经验的借鉴，经常以"古为今用"来警示大家。那些历史书上的历史典故和经验教训，不仅被他引用在自己的著作和讲话中，而且也被引用在具体的革命实践中。

爱好不仅可以娱乐自己，而且可以让生活少了几分枯燥和空虚。它能够让你多交朋友，取人之所长完善自己；也能够让你变得乐观向上，多了一个宣泄心情的渠道。除此之外，如果你能长期专注于自己的爱好，时间一长，也许可以把爱好培养成自己的专长，日后能发掘出自己的天赋，表现出超人的能力，又何乐而不为呢？生活的精彩无处不在，但精神世界的精彩却并不在乎别人怎么看。如果你心中充满热情，那就让爱好来为你的生活增添几分精彩吧。

NO.2

幽默只是智慧之刀的一晃

——林语堂谈幽默的艺术

幽默有很多种，滑稽、搞笑、逗趣都是幽默，但这些只是低层次的幽默，只能引人发笑，却未必能够打动人心。而真正的幽默应该是一种智慧、一种素养，它既不像滑稽那样使人傻笑，也不像冷嘲那样使人尴尬，它是很适中的，是让人在深思之余发出会心一笑的大智慧。

掌握了这种幽默的智慧，会让人具有一种强大的人格魅力。你在不经意间流露出的快乐、睿智、灵性，不仅会让周遭的人感觉真切自然，更会带有一种直指人心的魔力，让你在人际交往中游刃有余，并能在生活中发现幸福、发现美。

·1·
文学也可以很幽默

我觉得要使中国的读者深信幽默是生活的一部分，就不应该将它摒诸严肃的文学以外。这一件事情委实是不容易。这正如我要使他们相信孔子也是一个人，也总是爱开开玩笑，即使开开他自己的玩笑一样的难。

——林语堂

在特定的时代，幽默文学在我国初出茅庐，林语堂先生也为其产生贡献出了自己的一份力量。他视幽默为文学创作的一种美学风格、一种人生态度，在作品《幽默》中写道："无论哪一国的文化、生活、文学、思想，都是用得着近情的幽默的滋润的。没有幽默滋润的国民，其文化必日趋虚伪，生活必日趋欺诈，思想必日趋迂腐，文学必日趋干枯，而人的心灵必日趋顽固。"

文学，起源于生活却又高于生活，是一种唯美的语言艺术；幽默，藏匿于生活却又表于生活，是一种快乐的行为方式。文学与幽默相互融合，不仅让文学具有了更为独特的思想，也让幽默得到了更为突出的升华和延伸，文学幽默的表现形式在二者内在影响中拓展开来，成为人们心中向往的文学素养。

幽默，文学的调味剂

1924年5月，林语堂在《晨报》副刊发表《征译散文并提倡"幽默”》，文中他首次把英文中的“humor”译成“幽默”。幽默一词原出自《楚辞·九章·怀沙》，诗中有“眴兮杳杳,孔静幽默”的句子，但这时的幽默意为寂静无声，和笑没有一点关系。不过，林语堂大胆使用“幽默”翻译“humor”，因为他认为“凡善于幽默的人，其谐趣必愈‘幽’隐，而善于鉴赏幽默的人，其欣赏尤在内心静‘默’”。

对于林语堂的翻译，当时很多人持反对意见。翻译家李青崖认为应该译为“语妙”，语言学家陈望道认为该译成“油滑”，语言学家唐栩侯则认为应该译为“谐穆”。不过，林语堂最终成了这场文字游戏的赢家，汉语体系中的“幽默”一词，才真正拥有了幽默的含义。

其实,喜欢咬文嚼字的中国人很擅长幽默,因为很多幽默都是从语言文字的巧妙置换中得来的。而幽默在文学中,更是一种很有价值的调味剂。

在北宋,有一个叫石曼卿的学士。有次,他和自己的随从一起出游。谁知,路途中因为马夫的疏忽导致马收到了惊吓,雀跃而起,狠狠地把石学士摔到了地上。见此情景,后面的随从立即慌忙地将石学士扶了起来,马夫也被吓得浑身发抖,缩头缩脑地站在旁边,心想着一定会受到一顿臭骂。然而,当石学士被随从扶起来后却并没有发怒,而是大笑着说道:“幸亏我是石学士,要我是瓦学士,岂不是被摔得粉碎了吗?”这一“石”一“瓦”的置换,让马夫和随从都松了一口气,连忙搀扶着石学士坐了下来。

摔倒后的石曼卿并没有说什么“我摔得不疼”或“你是怎么搞的”之类的话，反而以一句看似不着边际的幽默言语让大家都明白了他的真正意愿。这种文字的巧妙置换既出乎意料，又很是有趣，是一种独特的幽默。可见，幽默能够让生活和文学变得高雅起来，因为它可以以诙谐的语言打动人，让人们在幽默的艺术感染中排除烦恼，陶冶性情。

幽默文学也有人生哲理

幽默文学与文学有所不同，幽默文学可以把晦涩难懂的文字变得清晰易懂，还能把一些深刻的人生哲理更充分地表达出来。

在经典名著《儒林外史》中有关“范进中举”的故事，便是幽默文学的典范。

范进是一个热爱科学，却被封建教育毒害的下层知识分子，他将中举作为取得功名利禄的唯一目标，从20岁到54岁，他的大半生都深深地刻在了科举这座独木桥上，不仅几十年来屡试不第，而且还不愿从事劳动养家糊口，实在是穷困潦倒。但尽管是过着这样的生活，范进也没有放弃自己的目标，仍然多次偷偷赴试。后来，无处借钱的范进为了能凑出应考的旅费，只得向丈人胡屠户张口借钱，而胡屠户打心里看不惯他的行为，一直都在想方设法地羞辱他，怎么可能借给他钱呢？然而，“功夫不负有心人”，54岁的范进终于中了秀才。出榜之日，范进的家里连一丁点儿粮食都没有了，他只好拿着母鸡到市场上换钱买粮食。这时，他中举的消息传遍了街里乡亲，当范进在集市上听到这个消息时，竟然未敢置信。甚至，看到喜报的他还因欢喜过度而发了疯，在大街上到处乱跑。于是，众人便请胡屠户来治范进的疯癫之症。可胡屠户在得知了这个消息后却不敢下手，害怕遭到报应，无奈之下，便饮酒壮胆，终于大胆下手，打了范进一巴掌，范进才恢复正常。随后，胡屠户和其他的乡里乡亲便改变了以往的态度，对范进极尽恭维，阿谀奉承，丑态毕露。

30多年的忍辱心酸，难免让欢喜过度的范进在疯癫中爆发出来。而范进从屡试不第到一朝中举的不同境地、遭遇的人情冷暖，无不在这幽默又带有讽刺意义的文学中清晰地表现出来。这种情形的大逆转，不仅深刻地揭示了封建科举制度对知识分子的毒害，而且生动地刻画出了封建社会的世态炎凉，令世人感慨不已。

文学源于生活，幽默文学源于幽默。在幽默中，文学充分地表现出了各种丰富文化的人生哲理，不仅记录了人类发展变化的宝贵过程，而且把文学与人类自发的亲切感阐述得淋漓尽致，给予我们更为精彩的感受。

·2·
幽默是人生的一部分

幽默是一种心理状态，进而言之是一种观点，一种对人生的看法。一个民族在其发展过程中，只要才能与理智横溢到足以痛斥自己的理想，幽默之花就会盛开，因为所谓幽默只是才能对自我进行的鞭挞而已。

——林语堂

林语堂说过："幽默是人生的一部分。"我们的生命不能如同白开水般毫无色彩，枯燥的生活需要幽默的点缀。幽默就是生活的润滑油，能使人心情保持愉快，也会使人与人之间的关系和谐。幽默的言谈激发出和谐的情愫，能取得平常的语言达不到的效果，会让苦闷的人生变得妙趣横生。

人生，少不了幽默的力量

人生漫漫，一路上少不了磕磕绊绊，而幽默正是一种力量，可以改变我们所面对的窘境，提高人生的质量。脱口秀表演者黄西说过："从某种意义上讲，幽默是面对人生不完美的最好办法。"在我们身边，懂幽默的人随处可见，当我们与其交谈时，不禁会充分地感受到幽默带给我们的轻松。幽默的人往往知识丰富、思维敏捷，他们可以引领我们去怀抱一颗超然平和的心，来面对人生的亮丽或者昏暗。

波奇是美国著名的钢琴家，是一个积极乐观、诙谐幽默的人。有次，波奇到紧邻密西根的福林特城演出。当时，波奇的名气并不大，还是一个初出茅庐的钢琴手，意料之中，当晚的观众席上并没有多少人。表演即将开始，波奇已经准备好了，当站在舞台侧面的他看到台下的听众寥寥无几时，心里很难受。但是，坚强的波奇还是默默地鼓励自己，并故意捏造了一个荒谬又离谱的解释。于是，他绅士般地走向舞台，幽默地感慨道："福林城的人可真是有钱啊！一个人就可以买到两三个人的票来看我的演出！"顿时，原本冷清的大厅里爆发出一阵响亮的掌声。

波奇以幽默让喜悦压掩盖了演奏会失败所带来的挫折感，他充分发挥了自己的想象，给自己的窘境编造了一个让人发笑的理由，产生了一种奇妙而又完美的效果。

幽默可以化解尴尬，缓冲挫败感，是解决分歧的桥梁，是顺畅沟通的捷径。风趣幽默的语言是说话的一大魅力，往往能"四两拨千斤"，达到举重若轻的沟通效果。幽默更是一种能博得好感、赢得爱戴的好方法，尤其是在遇到那些没必要争执或不值得争执的问题时，幽默更能收到很好的效果。

幽默，赋予生命精彩

幽默不是玩笑人生，而是一种生活处世的艺术，是一种轻松愉快的心态，是让生命精彩的不可缺少的成分。生活中，一个类似玩笑的幽默不仅可以让我们的言谈举止表现得更加自然轻松、热情奔放，而且也可以化解各种尴尬紧张的局面，营造出一种和谐的氛围。

佩迈尔是美国一位具有传奇色彩的篮球教练，他所带领的迪尔大学篮球队蝉联39次冠军，深受广大师生的喜爱和支持。不料，他们在蝉联39次冠军之后的一次比赛中，却遭到了空前的惨败，丢掉了冠军的宝座。一时之间，这个令人震惊的消息传遍了各个角落。美国各大报社的记者们纷纷前来采访佩迈尔，都想知道佩迈尔对于自己球队的这次失败有什么感想。然而，佩迈尔并没有因这次失败而内心绝望，反而异常镇定，他想了想，微笑着说道："我想这次比赛的失败对于我的球队来说，就是一次经历过的经验，我们终于可以卸下背在身上的包袱轻装上阵，全力以赴地去争夺冠军了。"话音一落，那些等着看佩迈尔笑话的人自讨没趣地离开了。

佩迈尔面对惨败后的窘境和人们的嘲笑时，选择沉着应对；在被记者围观，最易脑子错乱、说出不该说的话时，他用幽默摆脱了自己的困扰，把"冠军"比作"包袱"、把"失败"比作"卸下包袱"。这种乐观积极的幽默，不仅在大家心里树立了另一种完美的形象，而且深刻地体现出他极高的修养。

幽默的人，无论身在何处，都会成为周围人所喜爱和欢迎的对象。幽默是一种技巧、是一种本领，也是一种处世为人的生活哲学。善用幽默，你就拥有了一副乐观的"眼镜"，透过这副"眼镜"去观察和应对社会万象，能让你如鱼得水，充满自信。

所以，做一个幽默的人吧，让自己的生命充满幽默的快乐。

·3·

幽默，给生活来点“调味剂”

生活是一场大闹剧，个人不过是其中的玩偶。如果一个人严肃地对待人生，老老实实地按阅览室规章办事，或者仅仅因为一块木牌上写道“勿踏草坪”就真的不去践踏草坪，那他总是会被人视为傻瓜，通常会受到年长一些同事的哄笑。

——林语堂

林语堂说：“我很怀疑世人是否曾体验过幽默的重要性，或幽默对于改变我们整个文化生活的可能性——幽默在政治上、在学术上、在生活上的地位。它的机能与其说是物质上的，还不如说是化学上的。它改变了我们的思想和经验的根本组织。我们须默认它在民族生活上的重要。”

里根总统曾有一次在白宫钢琴演奏会上进行演讲。演讲正进行到一半，他的夫人南希不小心连人带椅跌落在台下的地毯上。在观众的惊叫声中，南希灵活地爬了起来，在200多名宾客热烈的掌声中回到自己的座位上。

这一跤不仅让南希觉得难堪，就连里根总统也觉得有些尴尬。他见夫人并没受伤，便诙谐幽默地说：“亲爱的，我告诉过你，只有在我没有获得掌声的时候，你才应这样表演。”

人群爆发出热烈的掌声，里根夫妇的尴尬也就此化解。

南希的摔倒，让这对夫妇感觉很尴尬。这种时候，里根总统若一言不发，就会显得夫妻关系不够融洽，不仅南希夫人难堪，就连台下的人也会觉得不快。可他若是埋怨南希，或是埋怨会场布置疏忽，恐怕就会显得他有失风度。于是，里根总统编造了一个小故事，不仅化险为夷，给自己一个台阶下台，更显露了自己的幽默、豁达，拉近了和听众的距离。

当生活遭遇尴尬窘境时，我们不妨把它当成是生活的“调味剂”，这样幽自己一默，不但可以缓解尴尬，还体现出一种成熟和豁达，是人生的一种境界和心态。

幽默，是一种生活态度

萧伯纳曾在高度评价幽默作用时说过：“没有幽默感的语言是篇公文，没有幽默感的人是尊雕像，没有幽默感的家庭是间旅店，而没有幽默感的社会是不可想象的。”幽默不仅体现着一个人的修养和内涵，而且占领着我们的思想高峰。一个幽默的人，生活是丰富多彩的，他们会在多个方面发掘自己的兴趣，在生活中左右逢源，甚至可以挥洒自如地解决所遇到的问题和挫折。所以，幽默的生活态度一定能够给你带来意想不到的收获。

在美国历史上，富兰克林·罗斯福是唯一一位蝉联四届，且身体有残疾的总统，他那坚忍、机智、幽默、奋斗不息的形象为美国的辉煌发展留下了有力的一笔。在罗斯福小时候，脊髓灰质炎给他留下了一条瘸腿和一嘴参差不齐的牙齿，丑陋的外表让他有些自卑，他不仅很少和同龄的小伙伴一起玩耍，而且没有信心回答老师提出的问题。然而也正是小时候的这种特殊经历，才让罗斯福磨练出了更加坚强的意志，学会用积极乐观的生活态度去战胜人生中遇到的种种困难和挫折，最终成为杰出的政治领袖。在罗斯福还未成为美国总统时，家中曾遭遇了盗窃而损失不少财产。听闻这个坏消息的好朋友担心罗斯福会想不开，便写信安慰他。谁知，罗斯福看过信后哈哈大笑，在回信里写道：“谢谢你的来信，我不仅心里很平静，而且我还要感谢上帝。原因有三：第一，窃贼只偷去我的财物，并没有伤害我的生命；第二，窃贼只偷走部分的东西，而非全部；第三，最值得庆幸的是做贼的是他，而不是我。”

正如罗斯福总统，一个真正懂得幽默乐趣的人，一定会用乐观的生活态度去发现幽默、发现幸福，让生活充满欢声笑语。所以，做一个具有幽默生活态度的人，热爱生活、敢于面对现实，才能让我们在现实生活中更为惬意地去创造、去发现生活的美好。

学会幽默，享受生活

2008年12月14日，美国总统小布什访问伊拉克期间，与伊总理马利基共同召开记者见面会，被一名记者连扔两鞋，就此身陷“扔鞋门”。美国人民不认为这是关乎国家荣耀的国际事务，反而就此拿布什开起涮来。电视新闻主持人揶揄布什说：“你可以不喜欢布什总统，但你不能不承认他身手敏捷。”网游公司还推出了一款“扔鞋门”游戏，短短几天内就有140万人次点击参与。

总统的糗事，成为全美国人快乐的源泉。

总统出糗还要被人涮，更何况我们普通人？可谁这辈子都出过糗，譬如众目睽睽下摔个屁墩儿啦、方便后忘记给裤子“关门”啦、去餐馆饭毕后发现没带钱包啦……这些都会让你觉得很尴尬，恨不得立即找个地缝钻进去。其实，在出糗时，我们完全可以变被动为主动，主动幽他一默，或许就能立即改善你的处境。

巴尔扎克是法国的文学家，他的一生充满坎坷。年轻时，经常因为生活的窘迫而为一点儿充饥的面包、照明的蜡烛，甚至是写作的纸张发愁。他曾这样评价过自己：“我一生的劳动都在痛苦和贫困中度过，经常不为人理解。那些债主就像迫害兔子一样迫害我，而我也经常像一只兔子一样四处逃跑。”然而，巴尔扎克虽然身处这样的生活条件，但却依旧保持着积极乐观、幽默诙谐的心态，要求自己笑对人生。有次，一个小偷趁着夜色溜进了巴尔扎克的房间里，只见照着夜灯的小偷顺着墙角走到了写字台边，利索地打开了写字台的抽屉，开始翻找值钱的东西。不料，这个初次作案的小偷还没学到专业的“技术”，过大的翻弄声惊醒了熟睡中的巴尔扎克，而他自己却毫不知情。巴尔扎克为了不惊动小偷，只是睁开双眼看了看。过了一会儿，小偷还是没有找到什么值钱的东西。巴尔扎克突然翻动着身体，哈哈大笑，这个小偷吓得连手上的灯都被抖落在地上。巴尔扎克坐了起来，笑着看着那个小偷，小偷惊慌失措地问道：“你笑什么？”巴尔扎克又笑了一会儿，终于忍住了笑声，诙谐地说道：“嘿！我的好伙计，这个抽屉我白天都找不出一枚硬币来，你还想在黑夜里从中找出什么值钱的东西吗？”

巴尔扎克的幽默让人敬佩。他用平和的心态享受生活中的一切，包括苦难。一个豁达乐观的人，无论面临什么，都会用幽默来给自己带来微笑，享受生活中的一切。可见，生活中多一份幽默就多一份快乐。生活很多时候都是单调枯燥的，如果能够把幽默这种成分加到日常生活里，就好比白开水里加了糖、炒菜里加了调料一样，会有滋有味起来。

·4·

幽默并伟大着

微妙的常识、智慧、哲学的轻逸性和思想的简朴性，恰巧也正是幽默的特性，而且非由幽默不能产生。

——林语堂

幽默的人不仅充满智慧，而且具有洞察生活的超能力。林语堂认为，幽默可以改变我们的思想特质，他曾说过："幽默普遍盛行时，那种以生活思维的简朴为特征的健全的合理精神才会实现，而生活和思维的简朴是文明与文化的最崇高的理想。"当人们在笑声中感悟生活、反省自我的时候，诙谐的幽默、恰当的比喻会让我们迅速地捕捉到每一个事物的本质。

幽默还是一种善意的表达，当我们在现实的人际交往中发生矛盾时，缺少幽默的人只会把事情弄得更加尴尬。相反，懂得幽默的人却会用自身随和亲切的性情和宽广的心胸把一切都变得轻松自然、和谐美好。

幽默的伟大在于"看穿"二字

说到幽默，与现实的联系也很密切。林语堂说过："幽默的本质是'看穿'，'看穿'二字首先是看穿生命的渺小、终极虚无和绝对徒劳，又是洞察人自以为是、自命不凡、以假为真等的可笑，洞察人们一切因大道智慧缺失而产生的妄想和妄为。"如今，现实生活中的人大都面临着生活的挑战和大大小小的压力，这种现实会让我们身心疲惫。这时，如果能够善用幽默，给予自己、给予他人安慰的快乐，就会让疲惫的心灵得到缓解，感到轻松。

有次，林肯正站在一个偌大的舞台上演讲，这时一个青年走上台来递给了他一张纸条。好奇的林肯打开纸条，却发现上面仅仅写了“笨蛋”两个字。顿时，脸上一阵铁青的林肯心中很是不快，不过他很快就恢复了平静，折过纸条，笑着对大家说：“我收到过很多匿名的纸条和信，全都只有正文，没有署名。而今天恰恰相反，刚才这位递给我纸条的先生只署上了自己的名字，却忘记写正文了，他的名字叫‘笨蛋’。”下面的人一阵哄笑。

在这则幽默里，林肯充分地运用了自己的智慧和幽默，反驳了他人的恶意攻击，捍卫了自己的尊严，更是赢得了台下观众的支持和理解，让幽默发挥了惠己悦人的神奇功效。

真正的幽默来自于宽容

林语堂说过：“幽默不无批评、讽刺，可是又淡然和平，豁达大度，火气不盛，显出深厚的同情和悲天悯人的心肠，常‘笑中带泪，泪中带笑’。”幽默，是人生智慧所绽放出的美丽花朵，幽默的语言则来自于纯洁、宽容、真诚的心灵。因此，真正的幽默来源于宽容，它让我们懂得，一个真正幽默的人一定是胸怀宽广的人，幽默可让我们摆脱心胸的狭隘，减少人生的沉重，让生活充满欢声笑语。

启功是我国著名的书画大师，他成名后，有很多人经常冒充他的笔墨在市场上售卖。有次，启功和他的朋友一起在大街上散步谈笑，看见路边有一家专门售卖名人字画的店铺，这时一个朋友玩笑道：“启功，你的名声那么大，我们不妨就到里面看看有没有你的作品吧！”饶有兴趣的启功便顺势点点头，几个人一同走进了这个店铺。果然，在店铺最显眼的墙壁上正挂着几幅署名“启功”的字幅，字迹像极了启功亲笔，连他自己都觉得真假难辨。朋友问启功，说："这是你写的吗？"启功微微一笑，称赞道："比我写得好，比我写得好啊！"朋友一听，全都哈哈大笑起来。这时，走过来一位店员，问道："先生们好，我有启功的真迹，你们想要吗？"启功说："拿来，让我见识见识。"过了一会儿，那个店员把所谓的真迹递给启功，还非常自信地说："启功是我的老师，这绝对是真迹。"此话一出，启功的朋友便都看着启功，启功摇了摇头，拍了拍这人的肩膀，笑着说道："我就是启功！"顿时，这人无地自容地哀求道："启老，我实在是因为生活困难才出此下策，还望您高抬贵手啊！"启功宽厚地说："既然你是生计所迫，那就放你一过吧，但你可千万不能模仿我的笔迹来写反动标语啊！"这人拱手相敬，然后灰溜溜地走开了。

真正的幽默，是一种在具有丰富知识、高度修养的基础之上所培养出来的高贵品质。当启功在看到别人模仿自己的字幅违法售卖时，选择了用幽默化解尴尬，不仅展示了他宽容的品质，而且映射出了他豁达的心灵。

罗斯福年轻时体力比不上别人。有一次，他与人到白特兰去伐树，到晚上休息时，他们的领队询问白天各人伐树的成绩，同伴中有人答道："塔尔砍倒53株，我砍倒49株，罗斯这个笨蛋只砍了17株。"

"你说得不对，我是用牙齿使劲咬断了17株树。"罗斯福微笑着说。

虽然同伴说的是玩笑话，但这话对罗斯福来说可确实不怎么好听。不过，罗斯福没有发怒，反而以幽默的方式心平气和地面对自己的不足和他人的攻击，自我揶揄自己砍树简直和老鼠筑巢时咬断树基一样。这样不仅避免了冲突，还缓解了尴尬。他的幽默，体现了他非同寻常的忍耐力和大度宽容的胸怀，是非常值得我们学习的。

幽默归根结底是一种宽容，与我们向外释放出的思想、信仰和观点立场有直接关系。人们通过你的幽默言语了解你的为人、你的思想和本质。所以，要想成为一个真正的幽默大师，要先成为一个宽容的人。

·5·

乐天安命，道家是个幽默派

幽默本是人生之一部分，所以一国的文化到了相当程度，必有幽默的文学出现。

——林语堂

幽默是一种人生观。

在中国思想史上，道家代表着道学派和幽默派。后来，帝王利用了儒家的“尊王”一说，造成了儒家一统天下的局面。不过，自古以来，幽默并没有因君王的强制统治而受到影响，渊源浩大的道家思想反而让幽默的力量越来越强大，并真正地融入了各个领域。

道式幽默也有哲理

林语堂在论及幽默时说道：“幽默是由一个人旷达的心性中自然而然地流露出来的，其语言中丝毫没有酸腐偏激的意味。而油腔滑调和矫揉造作，虽能令人一笑，但那只是肤浅的滑稽笑话而已。只有那些巍巍荡荡、朴实自然、全乎人情、合乎人性、机智通达的语言，虽无意幽默，但却幽默自现。”所以，如果我们能够用幽默的方式把看似不可捉摸的生活真谛表达出来，便是真正懂得了生活。

吉米·卡特是美国第39届总统，他的母亲莉莲·戈迪是个随和的妇女。在卡特竞选总统时，有一位记者来到莉莲家中采访，记者问她说：“您的儿子为了选举总统而到全国各地去演讲，还告诉人们，如果他曾说过谎话就可以不再选他。在这个世界上，恐怕只有您最了解您的儿子了吧！您能诚实地告诉我，您的儿子有没有撒过谎呢？”莉莲沉思了一下，回答说：“或许吧，他有时也会撒一些没有恶意的谎吧！”听罢，这位记者的脸上不禁流露出一丝若有所思的微笑，继续询问道：“那您能否给我下一个定义，让我能够准确地区别出没有恶意的谎言与其他的谎言的差别吗？”莉莲也是一个聪明人，心里也知道记者此次来者不善，便诙谐地回答道：“我不知道应该怎么给你下一个准确的定义，但我可以给你举出一个例子。你还记得刚刚你进来时说的那句‘你看起来好精神啊！我能见到你真是特别高兴啊！’吗？这句话应该就是一句谎言，但它是善意的。”这位记者无言以对，显得十分尴尬。

作为总统的母亲，自然备受关注，她随意发言甚至不发言都可能会招来祸患。所以，莉莲便故意绕了一个圈子，告诉记者，有时候人们说谎的真实目的是出自善意，非但不会伤害人，甚至可能只是为了维护或珍惜，她的幽默不仅把话题引到了这位记者的身上，而且维护了儿子的形象，让记者知难而退。

生活中，人与人之间存在着性格、兴趣、信仰等各个方面的差异，我们不可能要求别人都和我们一样，有着同样的观点和看法。同样，笑里藏刀的哲学幽默也不能刻意寻求，要顺其自然地去体会，当你对生活领悟的程度越深时，你的幽默就会被智慧修饰，变得更加成熟，快乐也越来越多。

幽默，是一种乐观的力量

2008年汶川大地震。有一位幸存者被国外救援队救出后，有记者问他感觉如何。这位幸存者想了半天，不失幽默地说道：“这狗日的地震凶噢，老子被挖出来后，看到都是外国人，还以为把老子震到国外去了！”

面对如此可怕的灾难，灾民不怨天不怨地，竟然诙谐幽默地开起了玩笑。也许在他们看来，面对不可预知的天灾，除了用乐观幽默的态度去应对这种苦涩外，别无他法。作家刘震云曾说：“用苦难来化解苦难是化解不了的，那苦难会变成一块铁，但你换一种幽默的态度，可能这个苦难就变成了一块冰，冰掉在幽默的水里，很快就化掉了。”

这种幽默，就是一种乐观的力量。

还有一个小故事，在一个偏僻的小山村里，有一对残疾的夫妇，妻子双腿瘫痪，丈夫双目失明，但自身的缺陷却没有让二人对生活失去信心，他们反而更加乐观和坚强。光阴似箭，一年四季反复地轮回，播种、管理、收获，夫妻二人一个用眼睛观察世界、一个用双腿打理生活，过着自给自足的幸福生活。当人们看到他们脸上洋溢着的幸福时，便充满好奇地问道：“你们身体残疾，为何还能够过得如此幸福呢？”他们异口同声地说：“我们为什么不能幸福呢？”丈夫又深情地朝向妻子，微笑着继续说道：“我双目失明，却完全可以拥有我妻子的眼睛；我妻子双腿瘫痪，却完全拥有我的双腿。这就是我们幸福生活的秘诀啊。”

这对残疾夫妇的幸福，体现出一种幽默的人生态度，也体现了豁达的胸怀。

中国有句古话，叫作“黄连树下弹琴——苦中作乐”。这句话并不是很经得起推敲的，如果你陷于痛苦，弹琴奏乐只可能使你陶醉于音乐之美而暂时忘却痛苦，但却不可能直接产生快乐。为了摆脱困境而借助于音乐，是并不那么可靠的。相比起来，借助于幽默，要可靠得多了。

人能否挣脱困境，还取决于你能否有效地调整、控制自己的情绪，用幽默的心态来解除烦恼。丢开心里的包袱，你才能轻松上阵，勇往直前。这种幽默不是自欺欺人，不是要我们和鸵鸟一样在看到危险的时候把头埋进沙子里，而是要我们有效防止随时出现的意志滑坡，给自己坚持下去的勇气和力量。

无论逆境顺境，始终保持幽默乐观的状态，就好似喝过一杯心灵下午茶后，心情的豁然开朗，足以应付外界更多的冲击与挑战。即便跌入人生的谷底，幽默也会助你一臂之力，让你走向光明。

·6·
小幽默，大智慧

智慧或最高型的思想，它的形成就是在现实的支持下，用适当的幽默感把我们的梦想或理想主义调和配合起来。

——林语堂

可见，生活中的幽默是一种让人们适应环境的工具，一种让人们在面临困境时减轻精神和心理压力的方法。伟大的诗人莎士比亚也曾经这样说过：“幽默和风趣是智慧的闪现。”如果我们能够在日常交往中多一点幽默，少一点偏执极端，那么就能够跳出处处受阻的困境，保持良好的状态，久而久之幽默就会变成你的一种本领或者习惯，会成为你面对困苦时的最佳药方。无论前路多么坎坷，你都可以乐观地用幽默来积极化解。

幽默，一种智慧的力量

林语堂说：“幽默是一种才华，更是一种力量。幽默是智慧的迸发，是善良的表达，是交往的润滑剂，是人生的松弛剂，它是一种胸怀，更是一种境界。”幽默的智慧不仅是一种愉悦的方式，而且也是一种真诚、大方、善良的表达。它能够拉近人与人之间的距离，解决人与人之间的矛盾，减轻人生重负所带来的烦恼，让我们在前进的路上奋发向上。

有历史记载，春秋时期的齐国君王齐景公爱好打猎，甚至还专门养一些老鹰作为捉捕兔子的工具。有次，烛邹在陪齐景公一起打猎时，不小心让齐景公养的一只老鹰飞走了。看到自己心爱之物不慎而飞，齐景公很是愤怒，便立即下令把烛邹推出去斩了。一起随行的晏子赶紧恭敬地走到齐景公身边，微笑着问道：“大王，烛邹都已经犯下了三大罪状，您岂能如此轻易地杀了他呢？不如让我一条一条地给您数落出来，之后再杀他，也让他死个明白，可以吗？”齐景公一听，心里的怒气消去了不少，挥手道：“可以，你说吧！”于是，晏子挥起了手袖，指着烛邹的鼻子，严厉地大声喊道：“烛邹，你可知你所犯何罪！第一，你为大王养鸟，却让鸟逃走了；第二，大王因为你没抓住鸟的缘故，又要杀人；第三，要是大王今日把你杀了，天下的诸侯肯定都会怪罪大王重鸟轻士，岂不是有损大王的威严形象吗？”在一旁听着的齐景公已经不生气了，对晏子说：“不用再说了，我知道你的意思了。”最终，烛邹晏子相救而逃过了这一死劫。

故事中，晏子的本意就是想救烛邹，但他却并没有单刀直入地替他说情，而是用这三条看似数落的罪状为他摆脱了险境。聪明的晏子不仅避免了说情的嫌疑，而且达到了自己的目的，真可谓“两全其美”啊。

其实，很多人在跟别人讲道理时，由于过于直白，可能会把自己的意思表达错误，从而导致误解，或者伤害别人的自尊，起到适得其反的效果。如果我们能够幽默地改变说话的方式，用智慧创造生活的乐趣，就能另辟蹊径，达到另一种境界。

用幽默的智慧诠释人生的意义

林语堂说：幽默更像是生活的一种调味品，并不是为了让人们发笑而制造幽默。他认为："幽默者是心境之一状态，更进一步，即为一种人生观的观点，一种应付人生的方法。无论何时，当一个民族在发展的过程中生产丰富之智慧足以表露其理想时则开放幽默之仙葩。因为幽默没有旁的，只是智慧之刀的一晃。"生活中，幽默不同于讽刺、滑稽或诙谐，它处处渗透着温馨的人文关怀，让人生充满智慧的快乐。

国学大师启功在晚年时身体虚弱，经常生病住院，成为医院里的常客。有次，正在住院的启功突然病情加重，医院当天夜里就给他的家人、朋友下了病危通知书。当启功被推进手术室的那一刻起，他的家人、朋友们就像是被一块大石头压在了胸口一般，非常担心。不过，福大命大的启功最终逃过了这一死劫。后来，启功苏醒了，看到眼前的家人、朋友凝重的眼神中都充满了担忧和疲惫，心里很难受，非常过意不去。于是，启功若有所思地逗趣道："我这几天在阎王殿算是享了几天清福，那阎王爷缠着我，不让我走，非让我给他题字、陪酒。虽然我并不想与他交朋友，但他却威胁我，说我不写就不放我回来。所以，无奈之下，我就只好应命了。不过，阎王爷对我这几天的表现十分满意，所以特意出来送我，还答应为我再延长十年的寿命呢。"启功边说边变换着脸上喜怒哀乐的神态，不禁让大家都大笑起来，沉重的心情也得到了缓解。

启功先生经历了生死劫难之后，看透了自己所背负的责任，知道自己要振作起来努力用幽默乐观的方式来表达自己的心态，不仅是为了自己，而且也是为了关心、安慰自己的家人和朋友。这种幽默里面带有智慧和温暖的力量，让处于身心紧张状态的人们，获得一种重生般的动力。

·7·

自嘲是一种“冷幽默”

人生在世，还不是有时笑笑人家，有时给人笑笑。

——林语堂

林语堂本是一位乐于自嘲、敢于自嘲、善于自嘲的人，他在《论解嘲》中写到：“人生有时颇感寂寞，或遇到危难之境，人之心灵。却能发出妙用，一笑置之，于是又轻松下来。这是好的，也可以看出人之度量。”

人生总会有许多不期而遇的尴尬或不如意，与其自怨自艾地恶语相向、愤世嫉俗，还不如谈笑自如地自我解嘲，这样不仅能够轻松地化解危机，还能够增进人与人之间的感情，让自己有所提升。自嘲是冷幽默，更是一种伟大的幽默，是幽默的最高境界。所以，智慧的人懂得幽默，伟大的人更善于利用自嘲化解自己的窘境。

自嘲，伟大的“冷幽默”

一谈到自嘲，就想到了林语堂说的那句话：“古代名人，常有这样的度量，所以成其伟大。”的确，一个敢于对别人自嘲的人，不仅有着不同于他人的超凡脱俗的豁达，而且能够在接受自己不足的同时学会成长。

20世纪30年代，身为美国众议院议员的凯萨第一次在众议院发表演讲。当时，初出茅庐的他刚从美国西部的乡间来到美国最繁华的大城市，一身农民味十足的着装显得他土里土气的。演讲还没开始，各州的代表和其他准备演讲的人们都在休息厅里休息准备，这时新泽西州的代表注意到了凯萨，心里十分看不起他，不禁嘲笑道：“这位从乡间来的先生的口袋里是不是还带着燕麦呢？”在场的人都哈哈大笑起来，纷纷向凯萨望去。凯萨有些生气，但很快就冷静了下来，自我解嘲地说道：“我不仅在口袋里装满了燕麦，而且还在头发里藏了许多菜籽呢！我们这些居住在西部乡间的人虽然大都土里土气，但却有着质量最好的种子，漫山遍野都长满了特别好的苗子。”话音刚落，全场的笑声戛然而止。后来，凯萨因这个幽默的反驳而闻名全国，为他日后的参选也打下了坚实的基础。

故事中，凯萨用自我解嘲的方式让自己摆脱了被人嘲笑的窘境，不仅挽回了面子，而且赢得了其他人的尊敬，成为别人所敬仰的对象。

生活亦是如此，当我们面对一个心怀敌意的人发出的恶语攻击时，可能会尴尬，可能不知道该怎么面对。甚至，恶言就如同一只凶狠的恶狗，对自己穷追不舍。当它看到你眼神中流露的害怕时，必然会更加凶猛地追赶、吓唬你；反之，如果你能鼓起勇气，回过头来对抗它，就一定能扼杀掉它的凶狠。所以，当我们在面对危机或是别人的嘲笑时，不要逃避，勇敢地拿起“嘲解”这一强大的“武器”，从正面迎接它、克制它、战胜它。

自嘲，是幽默的最高境界

美国的赫伯·特鲁在《幽默的人生》一书中把自我解嘲列为最高层次的幽默，他认为用最简单的格言、谚语跟别人开玩笑，以此来表达幽默，不仅能够培养人们完美的个性，而且还能够为日后良好的人际关系打下坚实的基础。生活中，有着强烈自信心的人，往往也善用自嘲，他们能够勇敢地面对眼前所遇到的困难和窘境，用批判的眼光来看待自己、看待社会。

古往今来，善于自嘲的文人志士并不多见，而文学大师林清玄就是一个幽默风趣、自信谦和的人。林清玄的长相并不出众，他也常常拿自己的形象来自嘲一番。有次，林清玄应邀到一所高校演讲。在那个偌大的大讲堂里，坐满了慕名而来的同学，然而当林清玄庄重地走上台时，台下热情激动的同学们却发出了一片喧哗之声，似乎充满了失望，甚至还有个女生失望地大声惊呼道："林清玄怎么长这样啊？"林清玄的耳朵挺灵的，虽然听到了台下的反映，却还是满怀自信地走到了讲台中间，笑着自我介绍道："我要站在舞台上最显眼的地方，让大家看看我的英俊模样！"台下的同学被他的自信和幽默所征服，给予了热烈的掌声。接着，林清玄又对自己的相貌调侃了一番："我曾经在其他高校演讲时，有个很漂亮的女孩在我演讲之后塞给了我一封信，我当时很是兴奋，可当我回到酒店打开后，才看见上面就写了一句话'亲爱的林老师，我觉得您像周星驰电影里的火云邪神。'"顿时，台下又是一阵哈哈大笑，诙谐的林清玄轻轻松松地为自己树立了一个亲和的形象，这场演讲最终也成功收场。

在林清玄的自嘲中，我们看到了他的乐观豁达、从容淡定。他敢于拿自己开涮，却并没有伤害到别人，成功地为自己摆脱了窘境，达到了幽默的最高境界。

自嘲是幽默的最高境界，想达到这一境界并非需要口才有多好，反应有多快，而是是否能够巧妙地拿自己向别人开涮。自嘲是一种鲜活的生活态度，是一种深奥的人生哲理，它透露出的正是一种完美的自信。如果我们能够直面自己的缺点，坦承自己的不足，就能在乐观中获得自信，带给生活信心，变得更加快乐。

·8·

会心的微笑最聪明

当一种文明失掉了它的简朴性，而浸染习俗，熟悉世故的人们自己所产生的观念、思想、志向和社会制度之下，当着奴隶，担荷这个思想、志向和社会制度的重担，而似乎无法摆脱它。幸而人类的心智尚有一种力量，能够超脱这一切观念、思想、志向而付之一笑，这种力量就是幽默家的微妙之处。

——林语堂

有这样一则宣传戒烟的公益广告：

吸烟节省布料，因为吸烟易患肺痨，导致驼背，身体萎缩，所以做衣服就不用那么多布料；吸烟可以防贼，因为抽烟的人常患气管炎，通宵咳嗽不止，贼人以为主人未睡，便不敢行窃；吸烟可防蚊虫，浓烈的烟雾熏得蚊虫受不了，只得远远地避开；吸烟永葆青春，因为吸烟者不等年老便可去世。

这则广告完全没提到吸烟的害处，相反却列举了吸烟的几大好处。可是，你若仔细品味，就会发现它虽在阐述好处，实际上却是在说吸烟的害处，它的字面含义与其所表达的深层含义完全相反。这就是一种正话反说式的幽默，这种幽默不但让人会心一笑，还传达了非常深刻的意义，引人深思。

韩侍桁认为：“‘幽默’既不像滑稽那样使人傻笑，也不像冷嘲那样使人在笑后而觉着辛辣。它是极适中的，使人在理智上，以后在情感上，感到会心的，甜蜜的，微笑的一种东西。”会心的微笑就是一种确切的内心表达。

幽默，让人会心的微笑

笑有很多种，有眉开眼笑，有哄堂大笑，有皮笑肉不笑，还有些笑则不怀好意，它可能是冷笑、嘲笑、奉承的笑等等。不同的幽默可以引起不同的笑，而真正的幽默可以让人从内心发出会心的笑。

海因里希·海涅是德国著名的文学作家，有次海涅正在书房里埋头写作，这时仆人走了进来，拿着一件包裹，说："主人，这是你的朋友梅厄先生给你寄来的。"突然被打断思路的海涅很不高兴，不耐烦地放下了笔，起身接过仆人手中的包裹，便吩咐他下去了。仆人走后，海涅带着心中的不快，狠狠地将包裹撕开，但没想到，包裹里面竟然还包着好几层纸，他就没完没了地撕了起来。终于，海涅在最后一个小纸包里发现了朋友写的一封信，上面只有简简单单的两句话："我亲爱的海涅，近来可好呢？我可是健康又快活啊！我向你表示衷心的问候，你的梅厄。"看到这封信，海涅哈哈大笑，刚才的愤怒早就抛到了九霄云外。当然，他也并没有轻易地放过梅厄，可不能让他白白地捉弄了自己。于是，他又吩咐仆人给梅厄回寄一个更大、更重的包裹。几天后，梅厄接到这个包裹时，只得雇人帮他扛到家里。他很好奇，特别想知道这么重的包裹里到底装着什么好东西，便亲自打开了这个包裹。谁知，竟然发现里面是一块大石头！只见石头上写着："我亲爱的梅厄，我过得很好，很充实，当我看到了你的信，心头的这块石头才落地，现在我把它寄给你，以表示永远纪念我以及我对你永恒的爱。"

很显然，海涅和梅厄这对好朋友都是在表达对彼此的关心，他们的包裹中虽然都带有戏弄对方的成分，但甜言蜜语却冲淡了这些捉弄人的部分，反而更为突出地表达出彼此的真诚和友爱，让彼此看到一个调皮却不失可爱的另一个自己。

真正的幽默与笑话有区别：笑话是还没说完，已经笑声不断，比较浅俗易懂；而真正的幽默，需要你静静地听完所有的话语，并进行理智的思考，才能在情感上产生会心甜蜜的微笑。这种语言效果既不像滑稽那样使人傻笑，也不像冷嘲那样使人在笑后觉得辛辣，它是一种谜底揭晓后的欢笑，它是一种雅而不俗的艺术，是一种洗炼的笑料，也是一种最能打动人心的表达。

在幽默中快乐，在智慧中微笑

生活很琐碎。每天我们工作、睡觉、吃饭，做着这些一成不变的事情，品味起来就像是一杯放置了很久的白开水那样平淡。而生活压力、工作压力却日渐加重，还有家庭生活中锅碗瓢盆等等琐事，要面对这一切，很需要我们多一些承受平淡生活的勇气。

而幽默，可以给我们这种驾驭生活的能力，因为幽默是坚毅、冷静、智慧、能力的象征，只要你敢于在琐碎中适时地寻找幽默，自然就会找到生活的乐趣。

考夫曼是美国家喻户晓的剧作家，学生时代就已经开始了自己的戏剧和短片剧本的创作。功夫不负有心人，1999年，他凭借著作《傀儡人生》一举成名，被称为电影界的“鬼才编剧”。生活中，考夫曼还是一个乐观的幽默派。在20多岁的时候，他就已经攒够了一万多美元的资产，这对于当时的他来说，无疑是一笔巨款。于是，考夫曼为了让这一万美元升值，便接受了一个朋友——悲剧演员马克兄弟的建议，把这些钱全部投资到股票上。不料，天有不测风云，1925年这些股票因经济大萧条而全部都变成了废纸！当考夫曼听到这个仿佛晴天霹雳的消息时，不禁被震惊了。但是，考夫曼却又看得很开，在面对别人的采访时，还好似开玩笑地说道：“马克兄弟专演悲剧，所以，任何听他话把钱拿去投资的人都活该泡汤。”

面对这么一大笔损失，考夫曼并没有真正地怨天尤人，而是把股票投资失败归咎于给他股票投资建议的马克兄弟身上，故意荒唐地说是因为马克兄弟专演悲剧造成的。这种苦中作乐、假托埋怨的方式不仅让他从容不迫地面对财产损失的困境，而且还充分地表现出了他苦中作乐、自我解脱的大度胸怀。

幽默不仅是一种智慧的快乐表现，也是一种超越机智的处世态度，它教会我们在窘境中藐视困难挫折，用非凡的气度和技巧来化解各种烦恼。生活中我们经常会遇到各种让人尴尬的窘境。但不要害怕，勇敢地拿起充满智慧的幽默武器，自我调节，就能让自己在不利的情况下扭转尴尬的局面，发现一线光明，最终走出困境。

NO.3

婚姻是一双适脚的旧鞋

——林语堂谈婚恋的艺术

林语堂曾说："怎样做个好丈夫？就是太太在欢喜的时候，你跟着她欢喜，可是太太生气的时候，你不要跟着她生气。"这便是婚姻的艺术。

有一位老太太在她的金婚纪念日里对亲朋们说："我和我的先生在一起经历了很多坎坷，有过争吵，有过茫然。我们是看到对方的优点走到一起，又因为看到对方的缺点有了失落，最后才在优点和缺点都拥有的时候感到了幸福。"老太太的话虽简单，却道出了婚姻的真谛。

婚姻不是爱情的坟墓，是一辈子的修行。在婚姻中，要学会细心地去发现。需要双方学会从不同的角度去欣赏那个与自己相守一生的爱人，因为唯独这样，我们才能保持爱的温度，携手走完漫长的一生。

·1·
恋爱不是慈善事业

我相信一个男人一生下来，他的魂儿就出去寻找他那配偶的魂儿。他可能一辈子找不着，也许需要十年二十年才找着。男人如此，女人也是如此。……他们知道，双方一呱呱落地便已开始互相寻求。两人结合起来，再无什么力量能把两人分开，他们俩被宇宙之间最强大的力量束缚起来。

——林语堂

林语堂说过："吾所谓钟情者，是灵魂深处一种爱慕不可得已之情。由爱而慕，慕而达则为美好姻缘，慕而不达，则衷心藏焉，若远若近，若存若亡，而仍不失其为真情。此所谓爱情。"恋爱不是慈善事业，真正的爱情是不可能被轻易施舍出去的。

生活中，我们可以用自己的努力和追求去争取到自己想要的，但唯独感情，无论是爱情、亲情还是友情，都没有办法去强争硬取。特别是爱情，说来容易做来难，不是要它操纵你，而是要让你操纵它。只有发自内心的爱才能长久，也唯独这样，才能得到真正属于自己的爱情，收获幸福。

爱情，是一种纯真的情感

爱情，像一块晶莹剔透的玉石，纯洁、甜美；像一弯清澈透亮的湖水，清澈、永恒。然而，在这个金钱至上、物欲横流的时代，有一些庸俗的人，无形之中把本应纯真的爱情附加了许多物质条件，让轻松愉快的精神感受变得苦不堪言、忍辱负重。同时，掺杂了世俗观念的爱情也变得脆弱易碎，经不起时光的考验。所以，如果我们能够少一份俗气、多一份纯真，就可以让爱情绽放出本色的美丽，赋予我们真正的幸福。

李嘉诚是一位连续多年荣获世界华人首富称号的富豪，无论是电视还是报纸等媒体，关于他缔造商业神话的文章无处不见，然而谈及他的感情世界，却几乎无人知晓。但实际上，李嘉诚事业上的成功，少不了妻子庄月明的陪伴与相守，也正是这份纯真的爱情，才让他在事业上更加辉煌。

李嘉诚的妻子庄月明是舅舅家的长女，比他小4岁，从小就是一个聪明伶俐的女孩。1941年，为了生存，李嘉诚随父母前往香港投奔到舅舅家，这是二人第一次见面。此后，庄月明成了李嘉诚的粤语老师，李嘉诚则发挥自己的长处，教她学习中国的古典诗词。青梅竹马，两小无猜，这对金童玉女相互学习的情景成为庄家最为动人的风景，也成为李嘉诚童年里最温馨的回忆。后来，因为家庭的原因，李嘉诚毅然辍学打工挣钱，相信自己只要肯努力就能出人头地。庄月明却以优异的成绩进入香港大学，相比于李嘉诚，她的生活之路充满了鲜花和阳光。但是，庄月明对李嘉诚一直都是一往情深，即使在远隔千里的地方，也总是在精神上支持李嘉诚，鼓励他战胜了一个又一个困难。终于，李嘉诚的事业飞黄腾达了，二人本应该终成眷属，却又好事多磨，先不说他们的近亲关系，门不当户不对的他们并没有得到庄家长辈的支持。直到1963年，李嘉诚与庄月明已经年过三十，眼看着二人对这份爱情执着而又真诚，庄家长辈终于被感动了，同意了二人的婚姻。于是，伴随着一片祝福声，李嘉诚牵着庄月明的手幸福地踏上了红地毯。婚后，李嘉诚和庄月明情深似海，相敬如宾，甚至从庄月明去世到现在，无人敢向他提及续弦的事情。

面对爱情和事业，李嘉诚可谓是双丰收。在一无所有时，选择彼此相守，一起齐肩并进，创造属于二人的共同事业，纯真爱情所收获的幸福无不淋漓尽致地被体现出来，让世人羡慕。

爱情千姿百态，但有一点是相同的，那就是它的本质是纯真的。纯真是爱情的基础，没有这个基础，即使是讲得多么天花乱坠的爱情都算不上美好。相反，只要彼此以诚相待，自由地表达出爱情的热烈和率真，就能够收获到真正的爱情，因为超越世俗的爱情是最幸福的。

经历过的爱情才能长久

俗话说，不经历风雨，怎么见彩虹？生活中，细水长流的爱情才会长久，因为它经历过太多的变迁和历练，让两颗心慢慢地重合，直至一生一世；相反，没有经历过风雨的爱情是脆弱的，因为爱情就像是一个初生的婴儿，需要你懂得如何去细心照顾，一起陪伴着成长，只有这样，才能长久地彼此欣赏。因为真正的爱情是没有时间界限的，经得起时间的考验，才是对爱的最好诠释。

马云是一个具有传奇色彩的人物，而他的爱情也更是让人羡慕不已。

在大学，马云遇到了陪伴自己一生的伴侣——张瑛。毕业后，两人就顺其自然地领了结婚证。显然，马云算不上是一个帅男人，而张瑛之所以会爱上马云，就是因为他能做到很多帅男人做不了的事情，比如组建杭州第一个英语角、为外国游客担任导游赚外币、四处做兼职上课等，全面地挖掘自己的能力。和普通人一样，马云和张瑛由相识、相知到相爱，共同走过了多年相濡以沫的日子，张瑛一直在默默无闻地陪伴着马云，在他的背后支持着、鼓励着，跟他一起坚强地走了下来，成为了马云最为忠实的人生伴侣和得力的事业伙伴。1995年，在大多数中国人还没有接触到网络时，马云就毅然丢掉自己作为高校老师的铁饭碗，投身于互联网。当时，张瑛的第一反应就是觉得马云简直是疯了。但是，自己的丈夫自己最了解，她还是选择坚定地站在了马云的身边，陪着他一起“砸锅卖铁”，东拼西凑地凑出了十万元的创业基金。就这样，在只有一间屋子的办公室里，两人一点一点地计划着，一起创办了中国互联网历史上第一个商业网站——中国黄页。光阴如梭，十几年过去了，马云果然成为互联网界数一数二的财富英雄，被誉为“下一个比尔·盖茨”。

每一个成功男人的背后，都少不了一个默默支持、鼓励自己的妻子。马云与张瑛的爱情既平凡又不平凡，说它平凡，是因为两人一路走来，并没有太多轰轰轰烈烈或缠缠绵绵的浪漫，更多的是陪伴；说它不平凡，是因为张瑛为马云付出了太多太多，马云的成功离不开张瑛的支持和鼓励。

或许，没有经历过爱情的人生是不完整的，没有经历过痛苦的爱情是不深刻的。自古以来，无论是惊天动地的爱情，还是默默无闻的爱情，都少不了一路走来的陪伴和互帮互助，越是经历过磨难的爱情，才会更加长久，才会更加珍贵。

·2·
好的爱情，绝不是桎梏

人类只有在和一个合适的异性过着和谐的生活时，才能尽量表现自己、成全自己，达到性格上最高的发展。

——林语堂

爱情，不是一时之间的甜言蜜语，而是无数个日日夜夜里的同舟共济。它不是放纵、宠爱，而是包容、关怀。在能爱的时候懂得珍惜，在无法爱的时候懂得放手。

林语堂说过：“爱情本是神圣美好的东西，其所以会变成桎梏，那完全是由于滥用的结果。”真爱是一种发自内心的关心和照顾，没有华丽的语言，没有哗众取宠的行动，在一点一滴的言行中就能真切地感受到。反之，爱情一旦被滥用，就会超越爱情的限制，即使曾经爱得轰轰烈烈，也只能是烟消云散，失去了真爱的力量。

认识爱情，尊重爱情

林语堂说过：“男女之间的关系要分清楚，即友谊是友谊、爱情是爱情，当你与异性相识的时候，不要存在和对方谈爱的心理。爱情是逐步发展而来，欲速则不达，同时爱情必须是相互的，一方勉强一方，到头来不会有快乐，只是痛苦而已。”真正的爱情，就应该是两个人相互理解，彼此尊重，相知、相爱、相守，走过漫漫人生的旅程。

奥运冠军郭晶晶，征服了无数女孩暗恋和爱慕的牛津才子、豪门子孙霍启刚，他们的爱情故事也处处体现着爱情的真正意义。

郭晶晶与霍启刚的爱情萌发于2004年的奥运会之后，当时霍启刚在整个欢迎晚宴上的所有精力几乎都放在了郭晶晶的身上，又是递水又是拍照，就此拉开了豪门公子追求奥运冠军的序幕。后来，霍启刚整整追了郭晶晶一年，他经常来北京，并千方百计地讨好郭晶晶的队友，让她们在郭晶晶面前美言几句。但淡泊名利的郭晶晶却对这种举动很反感，还觉得他搞得太兴师动众。面对姐妹们的羡慕之情，她非常自尊地说：“他是豪门，我还是冠军呢，豪门很多，冠军可没几个。”或许，也正是她的这份骄傲，才使得霍启刚对她更加欣赏和爱慕。终于，郭晶晶被霍启刚的真情感动了，两人正式在一起了。但郭晶晶并没有就此放弃自己的事业，去做一个阔太太。相反，她向霍启刚提出约法三章：不能占用我的训练时间；不能到训练场地来看我；不能在我退役之前结婚。看似简单明了的三句话，对霍启刚却无疑是一个考验。但面对爱情，霍启刚毅然决定尊重自己心爱女子的选择，默默地陪伴着她。

郭晶晶一直在像追求冠军一样追求自己人生的提升，从不曾放弃、懈怠；而霍启刚作为停留在她身边的男人，也毫不犹豫地选择了心怀欣赏和尊重，守护这份爱情，不舍离去。或许，二人之所以能在众多非议下最终修成正果，正是因为彼此的相互尊重、相互关爱，这份爱情最终才能在肥沃的土壤里生根、发芽、开花。

学会尊重爱情，才会真正地认识爱情，而尊重爱情则应该拥有独立的精神，这种精神不仅包括人格上、经济上的独立，而且包括相对独立的空间。只有这样，才能在爱情中彼此爱慕。相反，如果把所有的心思都放在了心仪的人身上，那么就会逐渐失去自己原有的魅力。所以，尊重爱情，让彼此在平等的基础上和谐地相处和交流，才能让感情弥久历新。

不做爱情的奴隶，让自己保持魅力

有这样一个经典的笑话，餐桌上，老婆问："老公，为什么你结婚前喜欢吃鱼的头和尾巴、把鱼肉都留给我吃，而现在却这么爱吃鱼肉呢？"只见老公边大口吃鱼肉边笑着回答道："因为那鱼的头和尾巴就是结婚前的诱饵，所以鱼肉就是婚后的目标了。"

这个博人一笑的笑话看似只是简简单单的两句话，却给人留下了深刻的印象。结婚时，走下婚车的新娘在周围人们众星捧月般地氛围下踏进婚姻的殿堂，往往会情不自禁地问身边这个即将成为陪伴自己一生的另一半："你会永远地爱我吗？"或许，类似的话已经在结婚前说过了无数次，但此时面对自己心仪的爱人，新郎还是会坚定地回答道："必须的，我会爱你一生一世。”

此时，说这些话语的男人是不能被怀疑的，因为他们使尽了浑身解数，甚至是施展了千方百计，才让心仪的女子成为自己的妻子，更代表着他们发自内心的诚意。然而，爱情在真实又平淡的现实面前却又显得那么渺小，生活所带来的压力远远比想象来得更为猛烈。相对于女人，男人往往是粗糙的，在他们看来，婚姻就是一种更深层次的亲情和责任，选择了自己的另一半，确定了婚姻关系，就不会像婚前一样对女人费尽脑筋百般呵护，也不会因女人情绪低落而迅速给予细致的关怀。他们往往会这样认为，既然已经成为夫妻，那么到嘴的肉还能不翼而飞吗？我只要一心一意地挣钱养家就足够了。

而女人和男人对于婚姻的态度却大为不同，结了婚的女人把全部的精力都投入到家庭和丈夫的身上，把这一切当成自己的全部，渐渐地失去了自我，认为只有这样才能让丈夫永远把自己当作宝贝。然而，结果却恰恰相反，丈夫并不会因妻子的付出而更加爱她，倒很可能渐行渐远。这时，女人就会很迷惑，我付出这么多，这个曾经深爱我的男人怎么就不爱我了呢？

一个美满的婚姻需要感情来维持，但对感情却并不能一味地消费，它还需要彼此有经营技巧。作为女人，要学会聪明地保持一丝神秘感，才能永驻他心。相反，如果女人在男人面前一览无余，把自己的一切都袒露给了男人，那么男人不但不会感激，久而久之可能会觉得理所当然，甚至产生厌烦之心。此外，女人也不要认为结了婚就是找到了自己一辈子的依靠。要知道，就算男人愿意养活自己的女人，也不代表他永远都会对女人保持新鲜感。所以，女人不要认为只要自己照顾好男人、料理好家务就足够了，更为重要的，是要不断地充实自己，在观念上与男人保持一定的亲近，只有这样，才能长久地保持自身的吸引力。

婚姻中，无论是男人还是女人，都要不断地充实自己，填充自己的内心。只有有了自己的事业和工作，有了对生活的真实看法，有了自己的朋友生活圈，才能做到一个纯粹的自己，这样一来，当你是一个完全独立的个体，有独属于自己的那份魅力时，才能不依附任何人。同时，婚姻并不是漫漫人生中的全部，它只是一部分。婚姻中的彼此要更为注重自己个性魅力的修养，比如自立、自信、优雅的气质等等。

（1）自立

经济基础决定上层建筑，这是一条颠扑不破的真理。没有经济基础就没有底气。无论是男人还是女人，婚后首先要做到的就是经济独立，只有在经济上不依附别人，才能获得别人的尊重。女人不要因男人的甜言蜜语而蒙蔽了双眼，男人也不要因家庭的责任而没有了自己的积蓄。人是一个群体性动物，如果彼此被家庭的枷锁困住，就会让自己的生活圈子越来越小，不免会失去生活中的许多乐趣。所以，在承担家庭责任的同时，要有自己的空间，要有自己的经济权，在工作中学会充实自己，让同事、朋友间的和谐相处带给你另一种身心的愉悦。

（2）自信

结过婚的男人和女人最好不要成天围着对方转，这是没有自信心的表现。要知道，如果彼此都管得很是严格，那么就会失去真正自由的意义。没有自信的男人和女人是不可能美丽的，只有彼此采取粗放型管理，给对方一些自由的空间，才能在现实生活中施展出自己的才华和能力。那时，你就会意外地发现，原来生活还可以这么有趣。

（3）优雅的气质

气质，除了先天的天赋之外，更重要的还是在于后天的修养。婚前，男人竭尽所能地在自己心仪的女人面前施展自己的所有魅力，女人也把自己最好的一面流露在男人面前。可是，婚后的男人和女人却往往会被家庭的枷锁困住，女子沉迷于相夫教子、柴米油盐，男人则忙于挣钱养家、各种应酬，彼此都渐渐地减少了对自己自身气质修养的投入。所以，如果能注重一些自身修养的提升，一起在书中修身养性、在音乐中陶冶情操，定会让自己在对方眼中更具魅力。

·3·
夫妻应是最好的战友

对一少女而言，人生第一大事，为嫁一丈夫而有家庭归宿。自从人类开始存在起，所有的女人一直不断追寻的——就是一个理想的丈夫。

——林语堂

在婚姻中，带有些许期望的男女双方，婚后无不需要一段时间，来调整期望与现实的差距，了解对方面对的困难和挣扎，协调配合对方去承担家庭的责任，以共同建立一个幸福美满的婚姻生活。

所谓："夫者扶也；妻者齐也。"林语堂认为："夫妇的生活是相依为命的，在精神上及在物质上，都是甘苦祸福同当共享的。在人生历程上，孤军奋斗，很易灰心挫折，美满的婚姻生活对此确是一大补救。你灰心，她鼓励你；她失败了，你援助她。在夫妇同心合力、提携协助之下，事业成功的基石就奠定了。"面对困难或挫折，夫妻就是最好的战友，生死与共，心往一处想、劲往一处使，不仅能够更加容易地克服困难，还能够增进夫妻感情。或许，生活不可能一直风平浪静，但只要夫妻二人坦然面对，齐心协力，就一定能够激发起夫妻共同体的战斗力，创造真正属于彼此的美好生活。

夫妻的生活本应相依为命

相依为命是一种对爱情的期许，一种对婚姻的渴望，也是一种对生命的执著，它让我们对真挚的感情眷恋不舍，共同面对现实的担忧和顾虑。

从前，有一对恩爱的夫妻过着富足又幸福的生活。不料，一次失误的投资，使得他们失去了所有的资金，他们只好从豪宅中搬出。随后，夫妻二人在郊区租了一处阴冷潮湿的房子暂时安顿下来。从此，他们开始了一种翻天覆地的全新生活。为了重新拥有更好的未来，丈夫白天出去操劳，晚上回家坐在电脑前查资料、整理信息，几乎大部分时间都在为生计奔波。丈夫有一个天天洗澡的习惯，住豪宅时，他总是先让妻子去洗，而现在他却总是抢在妻子前面，还借口说："我在外面跑了一天，出一身臭汗太不舒服了，所以必须要先冲洗一下。"没想到，妻子却因为这一个小细节，反而认为生活的历练让丈夫减少了对自己的爱恋，难免心里会有一些不舒服。某日妻子却惊讶地发现了丈夫写的这么一段日记："今天她问我为什么总要抢在她前面洗澡，我没有说实话，是我怕她难过。浴室里真的很冷，但我知道只要我先洗，就能让里面的温度升高一度、两度甚至三度，这样一来，轮到她洗澡的时候就会稍微暖和一些吧。至少，我希望在这段艰苦和寒冷的日子里，我还能送她这一点点的温暖。"顿时，妻子感动得潸然泪下，终于体会到丈夫的真正用意。后来，夫妻二人相依为命，最终又过上了富足幸福的生活。

从富足到贫穷，生活翻天覆地的变化并没有打消夫妻二人对生活的积极态度，丈夫为了安慰自己的妻子，就连一点点的细节都用心营造。

正如那句俗语："一杯白开水、一口干粮，只要爱人在我身旁，哪怕是荒漠，也会变成天堂。"只要夫妻二人相依为命、齐心协力地共同面对，就会破解万难，过上梦想中的生活。

幸福的婚姻，需要夫妻努力经营

在婚姻中，只有彼此心甘情愿地付出，才能有所回报。林语堂说过："婚姻中的男女，会精心经营自己二人世界的，就一定能让自己的婚姻升华为温馨的家庭。不管是在古代，还是在当代，婚姻家庭始终被视为幸福的命脉所系。"对于幸福的婚姻来说，不管是新婚夫妇，还是老夫老妻，都少不了精心的经营。但如何精心经营，也是一门很深的学问。

素素是一个很有"心计"的女人，但她的这种心计并不是向他人使坏，而是能够在自己的生活中调制一些浪漫的小方法。无论是对于工作还是婚姻，她都不甘居于人后，生活很是美好。

有次，跑了一天业务的素素身心疲惫地走在回家的路上，像往常一样，她在离家不远的超市买了菜，然后拎着菜回家了。到家后，她刚一打开房门就看见老公正兴致勃勃地坐在电脑桌前玩围棋游戏。看到这一景象，素素不免憋了一肚子的火气，心想着回来这么早还不去做饭，反而坐在这悠闲地玩游戏。但是，她并没有发作，只是语气平静地询问老公道："你今天怎么下班这么早？"听到声音，老公只是转头看了一眼，便边玩游戏边回答说："嗯，手头的案子结了，在公司也没有什么事，就提前回来了。"于是，素素若无其事地把菜放在餐桌上，走上前拍了拍老公的肩膀，说："哦，你要是不累的话，晚饭就你来做吧，我今天有点累。"没想到老公却对此不予理睬，还很是激动地说："别动！别动！我马上就要赢了！"素素一听，知道老公这会儿正在兴头上打扰不得，便默默地站在一旁观阵。原来，素素很了解老公，知道他从小就对围棋情有独钟，但限于低劣的技术水平，一直喜欢在电脑里对阵，当然一次都没有赢过。还好，这次素素看到了老公的棋下得很是精彩，便有意地拍了拍马屁，还和老公一起商量起了战术。终于，经过一番厮杀，老公果然赢了，一时间很是兴奋的老公立即跳起来搂住了素素，高兴地吻了一下，说道："我的好老婆，今天你就好好歇歇吧，我来给你做晚饭。”说完，老公就像个小孩似的连蹦带跳地进了厨房。那天晚上，老公为素素做了好几个菜，还专门在餐桌上点了一根蜡烛，熄灭了灯，开启了浪漫的烛光晚餐。

很显然，素素的“心计”用的恰到好处，她虽然状态不佳，但还是极力调整好了自己的状态，并在老公感兴趣的事上选择了附和。相反，如果她在老公正玩得尽兴时大发雷霆，把老公硬从电脑桌前拉开、逼他做饭的话，那么二人就难免会为此大吵一架，更别谈这么一个浪漫的夜晚了。

而现实中，很多女人认为婚姻中只要有了爱情，便会高枕无忧，理所当然地拥有美满的婚姻。但当有一天婚姻亮起了红灯时，才会体会到，原来幸福的婚姻是需要夫妻双方用心经营的，需要技巧，需要毅力，需要宽容，需要体谅。只有双方一起努力，才能收获到相濡以沫的幸福和永恒的爱。

·4·
完美婚姻的秘诀：“给”与“受”

一个男人或女人知道他或她在世界上有确定的地位，是会感到满足的，除了这种满足之外，还有什么东西能够使他或她得到更深、更大的快乐呢？

——林语堂

婚姻，是上帝赐给人类最大的祝福，是一种最甜蜜、最亲密的关系。所以，美满的婚姻是每一个人都想拥有的，大才子林语堂也不例外。在林语堂结婚那天，他当着所有亲朋好友的面，用喜烛将结婚证给烧了，并深情地对妻子说：“结婚证只有在离婚的时候用，我坚定地相信我们一定用不到它，所以我把它烧了。”正是这一席话，让眼睛里噙满了幸福泪水的妻子更加坚定了心中的信念，二人终究相伴至老，幸福一生。

在现实生活中，真正走入婚姻殿堂的，才是值得托付一生的人。要想拥有完美的婚姻，就要先学会给予与接受，给予对方自己所能给予的，接受对方的不完美，用一种平和的心态给予对方关怀，接受彼此的真爱。

给予婚姻一个信念

人生需要一个信念，婚姻亦然。如果你坚信爱情一定能相伴一生，坚信婚姻会越来越美好，除非不可抗力所导致的生老病死外，经历再大的挫折和苦难都会风雨同舟，那么婚姻必会越来越幸福地维持下去；相反，如果你对婚姻没有自信，不知道如何维系婚姻，甚至经常把“离婚”挂在嘴边，那么也许只是一点风吹草动，也会使婚姻崩塌。所以，给予婚姻一个信念，给自己和对方信任，才能够不离不弃，度过美好充实的一生。

周恩来与邓颖超是一对有着相同革命价值观的夫妻，他们志同道合的爱情就在这种特定的历史时期中增添了鲜明的革命色彩，在革命的信念下别有韵味。

周恩来与邓颖超第一次见面是在“五四运动”时期。当时，从日本留学回来的周恩来和在北洋直隶第一女子师范学校读书的邓颖超一起排练话剧，两人就此认识。很快，衷心于革命的周恩来坚定地认为邓颖超就是自己终身伴侣的最佳人选，于是，在两人情投意合之后，终于在1925年结为夫妻。婚后，二人一直把革命的信念延续在婚姻生活当中。周恩来在共产党工作、邓颖超在共青团工作，但彼此一直都严格遵守党的秘密，并没有互相通报。甚至，在他们的通信中，也都是关于革命活动、彼此学习、革命道理、未来事业等内容，根本就找不出“我爱你”、“你爱我”之类的字眼。但是，即使工作忙碌，没有太多时间去分享浪漫的时光，二人也依旧深爱着彼此，相濡以沫。有次，家里的仆人发现邓颖超躺在床上没有反应、一动不动，吓得大喊“大姐”、“大姐”。楼下的周恩来一听，连忙放下手中的工作，踉踉跄跄地跑到邓颖超身边，边抚摸着她边急切地说道：“小超！小超！你怎么了？快醒醒！”平日里，周恩来从来不当众人面亲昵地喊“小超”，而是跟从大家一起喊“大姐”。后来，才知道是邓颖超因服完安眠药药性发作而陷入了睡眠状态。虽然是虚惊一场，但周恩来那种发自内心的焦急和关爱不仅表达出了自己对妻子深深的爱，而且给大家留下了好丈夫的形象。

为了革命的利益，为了服从革命的需要，周恩来与邓颖超的婚姻生活充满了离别。通常，这种离多聚少、经常两地分居的婚姻生活，很难让人坚持下来。然而，周恩来和邓颖超却毅然一起坚守着自己的婚姻，带着彼此共同的革命信念，一起相互扶持地共度此生，充满了温情、美满和幸福。

婚姻就是一辈子的事，而幸福快乐与否，恰恰取决于夫妻双方拥有什么样的思维方式和观念来面对婚姻。所以，做一个幸福快乐的人，用信念去支撑起你的婚姻，给予自己一个美好的人生。

接受婚姻中的不完美

结婚前，无论是男人还是女人，都会认为彼此心仪的对象是完美的，不仅风度翩翩，而且柔情蜜意，体贴入微。然而，结婚后，彼此却会觉得对方像是完全变了一个人，好像自己在对方的眼中没那么重要了，没有了甜言蜜语，没有了温馨安慰，甚至是变成了更多的熟视无睹。特别是女人，刚结婚的她们更是不能接受那个由男友升级为丈夫的人的巨大转变，渐渐地开始抱怨老公，更有人在这种心理的落差中情绪低落，怀疑自己的婚姻真的就是爱情的坟墓。

其实不然，对于婚姻而言，男人和女人有着不同的感觉。女人之所以会出现这样的情况，就是因为她们把婚姻看成一种延续爱、更好去爱的方式；而对于男人，婚姻却是一种结束恋爱、开启新生活的标志。所以，懂得了这一点，我们就能用一颗平常的心来看待彼此的婚姻生活了。

在婚姻的“围城”中，我们难免会听到这类话：“我真是瞎了眼，竟然和你结婚！”

诚然，当对一个人产生好感的时候，他或她的身上就会被一种积极的、理想的光环所笼罩，所以，沉浸在爱中的对方是看不见缺点的。而婚后彼此朝夕相处，这道耀眼的恋爱光环不免会随着时间而消逝，更何况家庭生活和工作中的琐事也会影响彼此之间的情感交流。这样一来，即使是同一件事，双方也会产生不同的看法，婚前那个美丽的白雪公主或英俊的王子也终究会变成丑陋的灰姑娘或令人讨厌的青蛙。这时，疑惑就来了，恋爱时的那些光环、那些幸福的时光都到哪里去了呢？婚前男人的正直侠义为什么在婚后就变成了冲动、不顾家了呢？婚前女人的勤劳细心为什么就在婚后变成了懒惰、不温馨了呢？……诸如此类，那个曾经是自己心仪的对象，却在无形之间变成了一个平庸得不能再平庸的“路人甲”。

在现代的社会中，婚姻中的双方几乎都讲究“情感婚姻”，特别是那些年轻的夫妻。一旦他们发觉婚姻与期望相去甚远时，就会果断地选择放弃。在这里，不得不提及老一辈的夫妻，恰恰相反，在他们相对封建的婚姻中，即使彼此之间的感情不太深切，但双方也能各司其职，相互附和而不会轻易离婚，无疑是因为他们能够理性地看待自己的婚姻。

所以，生活在现代的年轻夫妻们不能把自己关锁在一个无爱的婚姻里，要学会理性地看待恋爱的光环，只有这样，才不至于在婚后产生巨大的心理落差。而且，婚姻中不要因爱而让彼此成为自己心中所希望的样子。既然你选择了这个陪伴自己一生的人，选择了这份婚姻，就要学会去包容对方的缺点，学会忍受，不说那些伤害彼此的话语，要知道，对方也在默默地承受着你的缺点和抱怨。

选择婚姻，接受婚姻，只有学会在彼此之间相互妥协和让步，才能把内心深处的期望和现实结合起来，把婚姻转变为恋爱的最好结果。

·5·
老来多健忘，唯不忘相思

生活本身不是转瞬即逝吗？有什么经久长存的意义呢？而自己爱情上的记忆、思想和感情，不是才真有永久的意义吗？

——林语堂

正如白居易那句诗词："老来多健忘，唯不忘相思。"80岁的林语堂曾在《八十自述》中写道："我从圣约翰回厦门时，总在我好友的家逗留，因为我热爱我好友的妹妹。"其中，"妹妹"指的正是陈锦瑞。可见，林语堂对于年少时的爱恋直到年老也难以忘怀，他的爱情也是如此的美妙。

不过，对于爱情，无论是多么幼稚、多么轻浮、多么懵懂，还是爱恋的过程或结果如何，都会成为一个不可磨灭的记忆。或许，那份美好的甜蜜，在多年后想起还会记得，因为曾经一起相遇、相爱、在彼此的生命里走过。但是，往事再美好也终究是往事，爱一个人，爱就够了，真正的爱是希望对方能够幸福，是一种发自内心的祝福。

相思，是一往情深的爱情

古往今来，那些因各种原因而与相爱之人分居的名人才子，都少不了一种相思的情怀。无论是李清照写下“云中谁寄锦书来？雁字回时，月满西楼”以表达和丈夫两地分居的相思之苦，还是革命年代一切为了革命、为了国家牺牲小家的“两地书”、“夫妻情”，那种浓得化不开的相思之情都是彼此绕不开的一种情愫。

邓稼先与妻子许鹿希33年的婚姻夫妻生活，却有28年没有相伴在一起，他们的爱情更是深刻地体现出一往情深的意味。

大学时，许鹿希是北大众人瞩目的大才女，特别是物理成绩特别好。正巧，当时物理课的助教是邓稼先。于是，才子与才女的相遇擦出了火花。一个学习，一个教导，二人在相互学习的时光中心意相许，却因学校禁止学生恋爱而都没有说出口。后来，邓稼先赴美学习，在获取了博士学位后就毅然回国，不仅是为了所热爱的国家，而且还有心中心爱的姑娘。于是，1953年许鹿希一毕业，二人就结婚了，这对才子才女开始了令人羡慕的美好生活。然而，他们都未曾想到，未来的生活竟然是漫长的聚少离多。从1958年到1986年，邓稼先为了研制原子弹、氢弹等核武器，隐姓埋名地为国家献身奋斗，总是行踪不定，有时一连好几天不回家，有时晚上又神秘出现，甚至三年五载才偶尔回来一次。而不知道丈夫到底在做什么工作的许鹿希却选择了默默地支持他、信任他，同他一起忠实于祖国。每在邓稼先匆匆忙忙回来时，许鹿希总是充满爱意地递上一杯热水，因为许鹿希知道邓稼先也很渴望和心爱的妻儿相聚，只是迫于工作的需要而不得不离开。就这样，二人在聚少离多的28年里，一直深爱着对方，用相思之情来坚守这份爱情。当各大报纸报道出邓稼先精忠报国的感人事迹时，他们的亲朋好友都激动万分，而许鹿希却泪如雨下。1986年7月29日，时年62岁的邓稼先因为常年的核辐射和劳累伤及身体，逝世了。直到生命的最后一刻，邓稼先仅仅给妻子留下了两句话，其中一句就是“苦了你了”。

28年的时光，虽然聚少离多，却让这份爱情更加坚定。邓稼先和许鹿希用心中的真爱和无形的语言来表达对彼此的关爱和心疼，成为彼此最坚实的依靠，让这份一往情深的爱情绽放出靓丽的光芒。

真爱，因为相思而美丽

在我们的生命里，真爱是一种纯粹的幸福，是深深去爱、深深被爱，它因为相思而美丽。年少时，爱是一种崇拜和激情；成年时，爱是一种陪伴和欣赏；老年时，爱是一种依靠和温暖。因为爱情是两厢情愿的事情，所以没有谁可以真正断定出爱情的输赢，永远也无法说清楚。

一代艺术大师徐悲鸿有两任妻子，其中与第二任妻子廖静文的爱情充分体现了真爱的相思之情。

认识徐悲鸿时，廖静文还是一个年仅19岁的清纯女孩，当时，她被才华横溢、历经沧桑的徐悲鸿深深地吸引了。终于，在她24岁时嫁给了这个比她大了整整28岁的男人。廖静文的朋友们都很为她惋惜，不知道她为什么会嫁给这么一位有着复杂的情感经历还身体不好的人。而廖静文却坚定地回答说：“我爱他，我嫁给他就是为了爱情。”婚后，他们恩爱有加，一起在月光下散步、一起坐在路边聊天。但这样的时光仅仅维持了7年就结束了，在廖静文31岁那年，徐悲鸿因病去世。徐悲鸿走后，廖静文陷入极大的痛苦之中，她把徐悲鸿留下的房子和1200多幅作品、各种珍贵的图书、碑帖约1万余件文物全部无私地奉献给了国家，仅仅希望自己可以在以徐悲鸿名字命名的纪念馆里担任馆长的职务。就这样，廖静文心中怀着对徐悲鸿深深的爱恋和无尽的思念，一边守护他留下的一切，一边为他撰写传记，用自己剩余的时光，去守护着他们的爱情。

廖静文用了整整一生的时间，也没有抹去徐悲鸿在她生命里仅仅7年所留下的记忆。一想起徐悲鸿，廖静文就会抚摸起徐悲鸿的塑像，那些陈年往事依旧记得清清楚楚，她用自己余生的全部感情和思念来祭奠这份真爱，让世人感慨。

或许，上辈子的一千次凝望才能有今生的一次擦肩而过，只有那些经历坎坷的人，才能够深深地体会到真爱的幸福，即使是相思之情，也能带给自己快乐。

·6·
摩擦最小化，幸福最大化

我诚实告诉你，结婚生活不是完全沐在蜜浴里的，一半也是米做的。……你得早打破迷梦，越早排弃你韶龄小女学生桃色的痴梦，而决心做一活泼可爱可亲的良伴越好。因为罗蔓蒂克不久要变成现实，情人的互相恭维捧场，须变成夫妇相爱相敬的伴侣生活。

——林语堂

相信每一对进入婚姻的男女都希望能够白头偕老，幸福美满。但来自不同家庭、不同环境的两个人一起生活，磕磕绊绊几乎不可避免。对于这种几乎是常态化的状态，要想幸福，一个必不可少的因素就是尊重彼此，真诚相待，不能因为一点儿鸡毛蒜皮的事情就闹得鸡飞狗跳。林语堂说过：“智慧的男人多数要不太精明的妻子，而智慧的女子也多数愿意嫁不太精明的丈夫。”

在婚姻生活中，一味的任劳任怨是不行的，彼此的个性、脾气、修养等都需要有所了解，并有一种做符合彼此要求的妻子或丈夫的能力和心理。丈夫需要一个既有一份童心，又能与自己傻傻地、真实地相处的妻子；妻子需要一个既可以依靠、又能保护自己的丈夫。这样的爱情才能更长久。

别吹毛求疵，可适当迎合对方

也许每一对夫妻都有吵架和红脸的经历。为什么婚前能容忍的一些小毛病，到了婚后却无法容忍了呢？

进入婚姻生活，大家完全放弃了防备和伪装，以最真实的面目面对对方，对待微妙情绪的处理也开始粗放化。在婚姻中，双方总是无视对方的优点，甚至有意无意地放大对方的缺点，这样一来，难免让彼此之间的摩擦更为激烈。想要减少这种摩擦的发生和升级并不难，只要能够真正地发掘出双方共同的兴趣爱好和人生理想，并共同为之努力，那么就一定可以迅速拉近彼此之间的距离，让生活更加甜蜜幸福。

有一个女性，事业有成，工作能力非常出色。然而，她的家庭却并不幸福。原来，她的丈夫只是一个很平常的男人，收入只及她的十分之一，平日里几乎把大部分心思都花在了家庭中，从没想过在事业上取得什么突出的成就。所以，她经常抱怨自己的丈夫没用，一回到家里，就是一副老板的派头，指使丈夫干这干那。后来，厌倦了这种生活的丈夫提出了离婚，并带着儿子搬进了临时租住的公寓。分居后，夫妻二人的生活突然拉开了距离，彼此之间的感觉也渐渐地陌生了。但没想到的是，这个白领竟然在这种越来越疏远的距离中，发现丈夫身上也有很多可贵品质，比如他爱家、爱老婆、爱孩子。自己事业上取得成功，也是因为丈夫几乎包揽了家庭的其他事情，让她没有任何后顾之忧地在工作中奋战。他也是一个优质的好男人，只可惜自己被他娇惯坏了，以至被蒙蔽了双眼。于是，她决定放低身段，恳求丈夫回家，并学会带着感恩的心去体会丈夫带给她的一切，最终过上了幸福美满的婚姻生活。

很多时候，婚姻中的摩擦大多因为彼此之间太过熟悉、太过骄纵。不可否认，任何人都有优点和缺点，如果长期自以为是，觉得自己哪里都好，对对方吹毛求疵，就会在婚姻中形成一种固定的模式，想要在无形之中增大自己的权利而进攻对方。所以，要想拥有一个幸福的婚姻，就要把目光放在彼此的优点上，这样一来，不仅能够用一份平常心去理解和接纳对方的缺点，而且能够感受到更令人满足的幸福感。

不要强迫对方必须成为你心目中的样子

对于婚姻，男人与女人的态度并不一样。女人努力适应家庭，男人则在与妻子的融合中更加看重家庭。其实两人都是为了家庭的幸福，只不过方式不同罢了。然而，大部分夫妻都想要对方成为自己心中理想的另一半的模样，并希望对方能够为此改变。但是，现实就是现实，人固有的一些品行几乎与生俱来，很难改变。所以，对于一些无伤大雅的事情，不要过于计较。

在一所大学里，有一对恩爱的小情侣。开学第一天他们相遇时，女孩穿着白纱的裙子、听着MP3，正在排队办理入学手续。突然，她感觉到有人拍了一下她的肩膀，转过头，只见一个十分清爽的男孩在示意她关掉音乐。于是，女孩一脸疑惑地摘掉了耳朵里的耳机，只见那个男孩摸了摸通红的脸蛋，凑过来低声说道："你的衣服红了。"一时之间，女孩很不好意思地冲到了教学楼的卫生间，可发现自己什么都没有带。正在她急得团团转的时候，这个男孩又来了，敲了敲门，从门缝里递进来一个整整齐齐的黑色塑料袋，女孩心里暖暖的。后来，两人情投意合，终于在一起了，成为校园里最让人羡慕的一对。

毕业后，男孩为了留在女孩身边，跟随女孩来到一个陌生的城市，四处找工作，但因为专业不对，只得屈居于一家小公司，而女孩则顺利地成为一家外企的白领。结婚后，本以为生活会越来越幸福的夫妻二人却最终又离了婚。原来，在女孩工作的环境中，都不是一些事业有成的男人，不是经理就是总监、不是开奔驰就是开宝马，而男孩却只能够骑自行车天天接她上下班。时间一长，女孩心中也对男生产生了不满，但她又不想放弃这段婚姻，于是女孩便想让男孩也能够有所成就，不断地拿身边的经理、总监提醒男孩，把他们的奋斗史讲给他听，甚至，女孩还拒绝了男孩想要一个孩子的要求，说等以后有条件了再考虑，省得孩子生下来跟着受罪。终于，在女孩“望夫成龙”的不断压迫下，男孩选择了逃避，把自己没日没夜地投身于网络游戏中，对女孩充满了漠视。就这样，女孩再也感受不到那份温柔和体贴，男孩无心再去经营这份婚姻，他们都累了，只得离婚。

或许，在婚姻中，彼此的责任就是陪伴对方，让对方成为最好、最优秀的自己。但这种陪伴不是逼迫，更不是彼此之间的一种压力。当一方一个劲儿地要求另一方时，另一方一旦恼羞成怒，就会越发自卑，终究会选择逃避。所以，想要拥有美满的婚姻，就必须抛去不切实际的期望，要学会发现对方的可爱之处。你的爱人就是你的最好陪伴，为什么要去改造对方呢?

·7·
把老式婚姻过成了圆满爱情

在自然界，季节之变换，云、雨、风暴、冰雪，皆由甲力欲克制乙力所引起之不平衡而出现。甲物随时皆谋推翻乙物，故无一物、无一状态能持久而不变。人之爱情，亦正如此。

——林语堂

林语堂对自己的妻子心怀感激，并颇以自己的婚姻为骄傲，他曾得意地说："我把一个老式的婚姻变成了美好的爱情。" 在这个圆满的爱情里，二人相濡以沫，恩爱有加，非常体贴地照顾彼此，堪称夫妻中的典范。

爱情是两颗心不断追求和吸引的过程，它并不会因婚姻而终结。所以，好的婚姻应该使得爱情始终保持一个未完成的姿态，把对方看成一个独立的自由人，一个永远需要自己重新追求的对象，而不是一劳永逸地占有对方。只有这样，才能不断地发现和彼此欣赏，婚姻中的爱情也能常葆新鲜。

别在婚姻里处处姿态强势

在婚姻生活中，无论是新婚夫妇还是老夫老妻，可能都会认同中国自古以来的一些传统观念，如认为男人强势是天经地义的，而女人强势则是有悖常理的。其实，夫妻之间并不存在着谁强谁弱之分，作为彼此的陪伴者，就应该用一种稳定、平和的心态去接受和倾听。当夫妻之间以一种比较平等尊重的关系相处时，就会给彼此带来真实的亲切感、踏实感，更能体会到家庭的温馨。

曾经有一对恩爱的夫妻，他们过着相敬如宾的生活。起初，丈夫的事业处于低谷，只得辞职，打算和朋友一起合伙开公司，创业初期步履维艰；与此同时，妻子在一家外企做高管，不仅事业稳定，而且薪水优厚。这一上一下的鲜明对比，并没有挫伤丈夫的自尊。因为他虽然有一个强于自己的妻子，却也同样得到了夫妻之间的尊敬和照顾。在家里，妻子更是追求家庭生活的完美，总是想方设法地给丈夫创造惊喜，讨他欢心。在衣柜里，丈夫的西装、衬衫永远都是洁净笔挺的；在饭桌上，妻子总是会专门把名菜改良，做一桌符合丈夫口味的美味佳肴。甚至，就连每天要吃的水果，都是她精心安排给丈夫的，不仅保证丈夫以及自己有一个健康的身体，而且还为生活保持了新鲜感。在琐碎的生活中，平凡夫妻有的鸡毛蒜皮，他们也都同样拥有。终于，丈夫在妻子的理解和照顾下，取得了成功。

现实生活中，能够在事业上取得成功的女人，往往是一些理性的女人，而像故事中既能在事业上取得成功、又能在婚姻中取得成功的女人，更是令人羡慕。同样，对于男人来说，婚姻和家庭是他们内心最温暖的归宿。在这里，他们需要一个感性又体贴的女人，理解自己，满足自己的心理需求，给自己一个动力。所以，要想拥有一个美满的婚姻，就不要处处对彼此表现出强势的模样，相互尊重、相互关爱，才能让彼此更加快乐。

保持信任，要学会张弛有度

对于婚姻，林语堂认为：“婚姻并不是以善变的爱情为基础的，而是爱情在婚姻中滋长，男女互补所造成的幸福，是可以与日俱增的。”在婚姻中，滋长的爱情需要信任，这是夫妻双方维系婚姻的关键。但是，信任也是有尺寸的，因为过分的信任往往会代表着一种自我欺骗。所以，信任需要理性的认知和情感的色彩，是情感和理性思考的混合体，只有这样，才能更好地把握信任的尺度，为婚姻保驾护航。

有这样一个故事：有个人丢了一把斧子，他怀疑是邻居偷的，便暗地里监察着邻居的一举一动。果然，邻居的任何一个动作在他眼中都变得鬼鬼祟祟，不管是从走路的姿势上看，还是从脸上的表情上看，都能够认定他就是偷自己斧子的人。直到有一天，这个人在一个小角落里找到了自己的斧子，当他再次看邻居时，却发现邻居一点也没有了偷斧子人的形象特征。

其实，婚姻中的夫妻也经常会出现这样的情况。曾有一对夫妻，本来二人相敬如宾，十分恩爱，可就是因为丈夫手机上的一条短信，二人产生了信任的危机。原来，有次妻子在收拾房间时，丈夫放在桌子上的手机响了一下。远远地看着手机上一闪一闪的短信提示，妻子想起了闺蜜们的建议，要她经常查看丈夫的手机，以便防止他做出出格的事情。原本，妻子打心里觉得没有必要去翻看丈夫的手机，因为丈夫的手机从来都是乱丢乱放的，对她并没有任何防备。但是，既然有主动上门的突击检查机会，又怎么能够白白放过呢？于是，妻子拿起了丈夫的手机，不看不知道，这一看果然让她火冒三丈。只见短信里写道："哥哥，最近忙吗？"丈夫并没有什么妹妹，这个妹妹又是从哪来的呢？于是，妻子便断定丈夫在外面有了女人。但她并没有对丈夫露出什么马脚，而是暗自地观察着丈夫的一言一行，虽然并没有发现什么异常，但她始终觉得丈夫是在有意掩盖。终于，情不自禁的妻子为这事跟丈夫大吵了一架，丈夫心里委屈却解释不清，并不知道这条短信是谁发的，而妻子却始终不肯相信。当二人正吵得筋疲力尽的时候，事情终于真相大白，那只是陌生人发错的一条短信而已。

有时心理作用很大，当你开始怀疑对方时，就会发现对方身上有越来越多的异常，这些异常会导致你认定自己的推测和想象都是正确的。很显然，这样的不信任会让婚姻中的空间变得更加狭小，以至于严重影响感情。所以，要保持彼此的信任，才能和谐相处，让两个人的感情牢固地融合在一起，经得住任何考验。

·8·
享受家庭之乐

宗教或一个伟大的政治运动也许会吸收一个人的整个生命。可是在这一切集团中，家庭依然是世界上唯一自然的单位，唯一在生物学上有真实性的、令人满足的、有意义的单位。

——林语堂

家庭是一个避风的港湾，是一个温暖的摇篮，是每个人心中所向往的归宿。

林语堂认为，家庭满足了人们最基本、最重要的生理和精神需求，他曾在自己的散文中憧憬着自己的家庭，写道：“我要一个可以依然故我不必拘牵的家庭。我要在楼下工作时听到楼上妻子言笑的声音，而在楼上工作时，听到楼下妻子言笑的声音。我要未失赤子之心的儿女，能同我在雨中追跑，能像我一样喜欢浇水浴。我要一小块园地，不要遍铺绿草，只要有泥土，可让小孩搬砖弄瓦、浇花种草，喂几只家禽。我要在清晨时闻见雄鸡喔喔啼的声音。我要房宅附近有几棵参天的乔木。”古往今来，一个幸福快乐的家庭与人们生活的苦乐、事业的成败有密切的关联。“家和万事兴”，富足的生活离不开它，快乐的人生也离不开它。

亲情，是家庭的幸福源泉

谈起幸福，林语堂说过：“究而言之，一个人一生出发时所需要的，除了健康的身体和灵敏的感觉外，只是一个快乐的孩童时代——充满家庭的爱情和美丽的自然环境便够了，在这条件下生长起来，没有人是走错的。”

或许，在我们生活的这个世界上，有很多人会认为，家只是那各式各样的房子。但是，当你或你的亲人都从这栋房子里搬走了，没有了充满着温馨亲情的感觉，你还认为那是家吗？

在美国洛杉矶，曾有个醉如烂泥的汉子平躺在街头，当巡逻的警察发现他后，连忙扶他起来，却惊讶地发现他竟然是当地一个出名的富翁。警察看他醉得不轻，便关切地说道：“我送你回家吧。”只见这个富翁冷笑一番，回答说：“家？我并没有家。”警察很是困惑，因为不远处那栋豪华的别墅就是他的家，便好奇地问道：“难道那栋别墅不是你家吗？”富翁冷淡地说：“那只是我的房子罢了。”

可见，一个没有亲情所在的房子并不能称得上家。那么，家到底是什么呢？

1983年，卢旺达正处于内战期间。在众多遭受战争侵害的平民中，有一个叫热拉尔的人，37岁的他本有着一个40多口人的大家庭，但就在一夜之间，父母、兄弟、姐妹、妻子、儿女，几乎全部离散，有的已经丧生。终于，近乎绝望的热拉尔打听到自己的5岁小女儿还活着。于是，他冒着生命危险辗转寻找自己的亲生骨肉。当他见到自己小女儿的那一刻，不禁悲喜交加，紧紧地将女儿搂在怀里，带着温暖的眼泪说道：“我终于又有家了！”

家是疲惫时心里最温暖的港湾，是与家人默默相守的踏实，是一个人心中最温存的地方。家是一个充满亲情的地方，虽然生活中可能各种麻烦会不期而遇，但那份将我们联系在一起的亲情，却可以将我们的双手紧紧相握，让我们一起勇敢地面对各种磨难。

家庭是最好的港湾

林语堂说过，在许多团体中，只有家庭是自然的，具有生物性的实在的，可以使人满意而有意义的生存单位。的确，家庭是一个人成长的摇篮，自由的港湾。从小到大，家庭会带给我们许多珍贵而又美好的记忆；父母、亲人的关爱会带给我们真切的温暖。无论我们遇到什么艰难险阻，甚至是多么窘迫不安的事情，都可以在这个港湾里得到最真切的安慰和最好的陪伴。

从前，有一个小男孩，他与常人不同，从小左手的小拇指边就长了一根小小的第六指。时间过得很快，小男孩已经3岁了，父母自信地把他送进幼儿园，想让他同所有同龄的孩子一起学习、一起玩耍。然而，随着年龄的增长，小男孩的第六根手指也越长越长，小朋友们都嘲笑他是个怪物，小男孩上学的第一天是在眼泪汪汪中度过的。回到家，他问爸爸妈妈和爷爷，委屈地说："为什么我比其他小朋友多了一根手指呢？他们都嘲笑我是个怪物。"看着自己的孩子这么伤心，上了年纪的爷爷十分心疼，他不想让自己聪明可爱的孙子变得自卑、不快乐。于是，爷爷陷入了沉思，突然，他眼睛的余光看到了旁边钢琴架上的泥塑人，双手的大拇指都压在了手掌心。爷爷终于会心地笑了，一把将这个小男孩抱在自己的膝盖上，关爱地说："宝贝，你看看爷爷右手的大拇指，从你一出生，它就像个小懒虫一样钻到手掌里睡觉，到现在都不肯起来。"爷爷边说边把右手的大拇指蜷在手掌心里，并掌心向下，拉起小男孩的左手掌心朝上，两只手合并在一起，正好10个手指头。小男孩天真地笑了，自豪地说："爷爷，您的大拇指不听话，所以我就帮你长了一根手指头，是吧！"随后，爷爷特意把这件事告诉了自己的亲人和小男孩的老师、同学，说小男孩是个懂事的孩子，是帮自己长了一根大拇指。从此，小男孩没有再受到他人的嘲笑，健健康康地成长起来。然而，自从爷爷跟小男孩说过这个曾“沉睡”中的大拇指后，只要见到小男孩，就会把大拇指条件反射般蜷在手掌心里，时间一长，竟然成了一个习惯，做事、吃饭都习惯用4个手指，甚至跟爷爷不熟悉的人还真以为他没有大拇指了。后来，爷爷去世了，父母把这个秘密告诉了小男孩。那一刻，小男孩受到了前所未有的震动。是爷爷深沉的爱，让小男孩觉得人生变得更加完美，真真切切地懂得了什么是家，什么是爱的港湾。

家是一束温暖的阳光，可以融化掉心上的冰雪寒霜；家是一盏明灯，可以照亮夜行人晚归的路程…… 家是一个无论你怎么胡闹都会既往不咎的地方，家是一个你烦恼窘迫时能瞬间让你宁静踏实的地方。家是一本生活的教科书，需要我们用一生的时间才能读得懂。

NO.4

看破浮生过半，半之受用无边

——林语堂谈处世的艺术

一个人活在世界上，需要处理好各种各样的关系。处理得好，生活就能愉快；处理得不好，生活就有苦恼。

所以，为人处世也是一门学问。

林语堂对于处世追求的是“半半哲学”。“半半哲学”秉承这样的信仰：工作，并且快乐着；劳动，并且幸福着。人生也有缺憾，如果能从中超脱，做个平常而又受人欢迎和尊重的人，也是人的一大成就。

这种“半半哲学”，倡导的是中庸的生存，肯定了一种刚柔并济的处世态度，奉行随性豁达的生活，活得淳朴和自然。这种哲学可以让我们在生活快节奏的今天，保持心灵的宁静，达到一种风不动我不动、风若动我先动的圆熟境界。

·1·

中庸之道：我的“半半哲学”

中庸即为本质上合乎人情的“常轨”，古代学者遵奉中庸之道，自诩已发现一切哲学的最基本之真理，故曰中者天下之正道，庸者天下之定理。

——林语堂

在生活的各个方面，林语堂总是充满着强烈的欲望，但不同于常人的是，他可以自行控制自己的这种需求感，不仅拥有“半半哲学”的人生观，还不断追求人生中的中庸之道。他曾说过：“我们承认世间非有几个超人——改变历史进程的探险家、征服者、大发明家、大总统、英雄——不可，但是最快乐的人还是那个中等阶级者，所赚的钱足以维持独立的生活，曾替人群做过一点点事情，可是不多；在社会上稍具名誉，可是不太显著。只有在这种环境之下，名字半隐半显，经济适度宽裕，生活逍遥自在，而不完全无忧无虑的那个时候，人类的精神才是最为快乐的，才是最成功的。”

中庸之道是一种顺应自然、自我管理的方式，它不是古板教条的，也不是拘泥于某一种固定的形式，而是根据情况采取相应的对策，让人保持和谐的心态，时刻保持克制和正气。生活中大多数人的人生目标都是简简单单的，不管是富甲天下还是万众瞩目，能够健康地活着、拥有一个幸福美满的家庭、做一些自己喜欢的事，就可谓之幸福满足的生活了。

保持中庸，深浅有度

无论是从孔子的《论语》、子思的《中庸》还是宋明理学的注解中看，中庸都是一种理念和方向，它告诉我们应该如何准确地把握度，并达到对和谐的追求。林语堂说过：“中庸精神，在动作和静止之间找到了一种完全的平衡。所以理想人物，应属一半有名，一半无名；懒惰中带用功，在用功中偷懒；穷不至于穷到付不出房租，富不至于富到可以完全不做工。”古往今来，真正通晓中庸之道的人是那些融智慧和容忍于一体的人，他们不仅有着勇猛斗士的威力，而且有着沉静文慧的平和，对喜悦之情和悲伤之感泰然处之。

在清朝，名臣曾国藩就是这样一个人。

当时，因为曾国藩位高权重，所以很多人都想依附于他，但他总是对此等人淡然处之，既不会因别人的奉承而欢喜，也不会因别人的献媚而苦恼。但是，在曾国藩的手下，有一个人很是厌恶这些趋炎附势、溜须拍马的人，总想找个合适的机会狠狠地教训他们一顿。终于，机会来了，有次，他为曾国藩批阅文件时，将其中一位拍马屁的官员好好地讽刺了一下，释放了心中的愤怒。不料，曾国藩在看过这个批阅之后，却对那个手下说：“这些人本来就是靠这种方式生存的，你这样的做法是在剥夺他们的生存之道，日后，他们也必将想尽千方百计来置你于死地的！”曾国藩的一番话让手下恍然大悟，不禁打了个寒颤。最终，这份批阅被烧毁了。

曾国藩深知官场的人情之道，如果他拒绝了拍马屁的人，又注定会变为被众人孤立的一角，无人可用；但如果他在奉迎之中沉醉下去，就无疑会让那些有真才实学的人才在自己的手中流失，失去权势。所以，他采用了淡然处之的方式，既能听得进去耳边美言，又能巩固自己的势力，何乐而不为呢？

对于生活中的每个人来说，很难真正远离身边的是是非非。所以，做事一定要深浅有度，适可而止，当你成为一个外圆内方、刚柔相济的人时，就一定能够在纷繁复杂的人际关系中随心所欲，游刃有余。

“半半哲学”，人生没有百分之百的圆满

“半半哲学”是一种融儒家哲学与道家哲学为一体的中庸生活，是一种人生态度的提倡。生活在这种环境中的人，不仅会减少追逐不到目标所带来的痛苦，而且还能冲淡功利、名望、金钱诱惑等欲之不得的烦恼，从而获得幸福快乐的人生。

卡莉·费奥瑞娜是一个20出头的漂亮女孩，刚以优异的成绩从斯坦福大学法学院毕业。毕业后不久，她就幸运地被一家知名的地产公司招聘为普通职员，以简单而琐碎的打字、复印、收发文件、整理文件等杂活为主要的工作。不料，当卡莉·费奥瑞娜的父母听说自己成绩优异的女儿竟然在做这样的工作时，心中很是不满，认为女儿应该做更好的工作。但是，卡莉·费奥瑞娜却没有任何怨言，每天都十分努力地完成着自己的工作，要求自己在每一个细节上都要做得完美无缺。有次，公司的一位文职员工请了病假，而领导又急切需要一份文稿，情急之下，这位领导便找到卡莉·费奥瑞娜前来帮忙。结果，她完成的文稿让领导非常满意。这正是因为她这段时间在公司积累的经验，再加上自己的聪明才智和对工作的热情细心，才为自己赢得了一次肯定。后来，领导提升了他，这几乎是必然的。

卡莉·费奥瑞娜正是因为有了之前做普通职员的艰苦，才积累了成功的经验。她的成功告诉我们：如果你想要得到自己想要的，就要学会去积攒力量，正视那些正在经历的苦痛，不断磨练自己才能得到想要的一切。

“半”字哲学，最为关键的在于它可以对欲望进行合理的控制。可以说，人生最大的痛苦就是欲求不得的痛苦，热切希望得到的却不能够如愿以偿。但是，人生如果没有欲求，就没有了生命的意义，没有了生存的

价值。所以，选择一个合适的态度进入现实的生活，是一种颇具智慧的方式。或许，当我们以这种姿态去生活，便真正能够与生活形成默契，就会让人生更加精彩。

·2·
忍让有度，过犹不及

忍耐，和平，本来也是美德之一，但是过犹不及。

——林语堂

林语堂曾在《中国人的国民性》一书中写道："忍耐、和平，本来也是美德之一，但是过犹不及。"在大才子林语堂看来，保持一种隐忍、平和、共融的为人处世态度，忍让可让人与人之间更加美好和谐，让社会和人生更加平衡。

但林语堂也这样说过："人要会忍，但需掌握分寸。分寸得当，便可保全自己的利益。分寸不当，最初的忍就可能成为懦弱。"

可见，我们当然应该提倡忍让。忍让是一种修养，是一种理智的以柔克刚，是强者生存下来必须先要经历的一项考验，可显示出一个人的胸怀和气度。但一定要忍让有度，尤其是在一些原则性问题上，坚持立场是必要的。如果不分情况，只是一味地忍让，便会显得没有自尊。长久下去，会在逆来顺受中失去激情，同时还要背负"怯懦"的罪名，得失之间自是很明了的事情。

忍让，并不是软弱

忍让不同于软弱，林语堂说过：“软弱不是真正的隐忍之道，它虽也是一种忍，但更是一种退缩和惧怕。把握不好隐忍程度的人，终会吃尽其中苦。而只有懂得权衡它的人，才能维护自己正当的利益。”的确，适度的忍让是一种宽容，而无原则的一味忍让则是懦弱与无能的表现。生活中，如果我们在与他人发生矛盾时你不让我、我不让你，那么矛盾就一定会进一步被激化，后果也将不堪设想。所以，当他人伤害自己的时候，我们不妨忍让一下，这种“让”并不是软弱，而是一种高贵的品质，也只有这样，才能让我们的矛盾得到解决，化干戈为玉帛。

关于蔺相如与廉颇“负荆请罪”的故事，就是在告诉我们这个道理。

战国时期，蔺相如是赵国的大臣，而廉颇是赵国的大将，比蔺相如的地位高很多。后来，蔺相如在两次出使中机智地为赵国保全了面子，从而受到了赵惠文王的器重，升任为上卿。对此，廉颇一直心怀不满，觉得地位比自己低下很多的蔺相如为什么就能凭着耍嘴皮子的功夫而身居高位了呢？自己作为赵国大将，保卫国家出生入死，没有功劳也有苦劳啊！于是，内心愤怒不平的廉颇便决定给蔺相如点儿颜色看看。蔺相如的门客很快就通晓了廉颇的这种想法，并上报给了蔺相如。然而，蔺相如却十分镇定地笑了一声，回复说：“我知道了。”从那天起，蔺相如为了不使廉颇在临朝时位列于自己之下，总以生病为由不再上朝。可终于有一天，两人不得不见面了。原来，蔺相如在带着门客坐车出门的路上遇到了廉颇的马车。只见蔺相如立即下令退到小巷里，让廉颇的车马先过去。他的这一举动引起了自己门客的不满，纷纷说道：“难道你还怕他吗？不上朝就已经是在让着他了，现在还要先给他让路吗？”面对众口异言，蔺相如不慌不忙地解释说：“我既然敢当庭呵斥强大的秦国、羞辱他的群臣，难道还能惧怕廉颇吗？你们要知道，秦国之所以不敢随意侵犯我国，就是因为我和廉将军的缘故。如果秦国知道了我与他不和的消息，趁机侵犯赵国，岂不是因小失大了吗？所以，当下忍让才是最明智的！”蔺相如的这番话传到了廉颇的耳朵里，廉颇对自己的想法和做法感到惭愧不已。于是，他赤裸上身、背着荆条来到了蔺相如的家中请罪。而蔺相如见到廉颇后，连忙扶他起来，说道：“我们同为赵国的大臣，就应该共同保卫赵国。如今将军能体谅我，我就已经很是感激了，你怎么还专门来给我赔礼呢？”从此，二人形同手足，生死与共。

蔺相如的忍让并非软弱，而是顾全大局，他把目光放在了长远的未来。面对国家大局，他选择了用一颗包容的心来面对自己的朋友廉颇，忍让他对自己做出的过失和错误，也正是这种可贵的品质，才让廉颇对他心服口服，让后代世人为之敬佩不已。

生活亦如此，无论是朋友还是陌生人，要学会用忍让的心去包容种种不理解，也只有这样，才能让对方体会到你的真诚和温暖。所以，忍让既不是退却不前、懦弱可欺，也不是面对误解、委屈甚至诽谤时的无动于衷。它是理性的，是平和的。一个能够忍让的人，一定要具有良好的心理素质和道德品质，才能得到大家的拥护和尊敬。

学会把握忍让的度

为人处世，忍让是必要的。如果眼睛里容不得一点沙子，处处锱铢必较，显得风度全无，对自己事业和人生的成功也毫无帮助。但忍让一定要有度。如果只会一味地忍气吞声、逆来顺受，那就是胆小懦弱的表现。而在原则问题和大是大非面前不缩手缩脚，做到有所忍、有所不忍，才能真正地掌握到忍让的智慧，让人生更有价值。

在美国的国家图书馆里，有一个名叫洛克的普通职员，是从加州应聘过来的。因为他有些自卑，总觉得自己不如别人，所以在工作中很是小心谨慎，对每一位同事都毕恭毕敬，甚至偶尔与同事发生小矛盾时也不会做任何辩解，总是默默地走开。时间一长，大家都认为他过于老实窝囊，便都不把他当回事儿，经常会做出一些让他吃亏的事情。对此，洛克心里觉得委屈，残酷的现实也让他开始为自己的为人处世方式进行反思了。于是，他决定改变自己，不再事事都选择忍让。有次，与洛克一组的一个员工因擅离职守而丢失了两本书，便信口雌黄地告诉主管，是洛克代自己值班时丢了书本，把责任完全推给了他。主管在会上通报这件事时，洛克立即从座位上站了起来，为自己辩解道："主管，这件事你可以亲自调查一下，那天我根本就没值班，怎么能说我不负责任呢？主管，这分明就是有人想让我替他顶罪啊！还有，我还想在这里告诉大家，我并不是一个窝囊废。大家能在一起工作就是缘分，我实在是不想跟大家争来争去罢了。以后，我希望大家都能够好好相处，如果谁要像以前那样对待我的话，对不起，我就不客气了。"洛克的这一席话，让在座的同事都不再言语。从此以后，洛克抬头挺胸，不再扮演老实人的角色了，同事们对他的态度反而有所好转，渐渐友好起来。

洛克之前的一举一动就是软弱的表现，认为自己不如他人而不敢反抗，总是受到同事们的欺负。但是，洛克经过改变后，不仅态度强硬了起来，而且学会了和欺负自己的人抗争。这样一来，他和同事们的关系反而更好了。

学会把握忍让的度，是"忍"的关键所在，也是一种人生的艺术和智慧。它是一种对具体环境、具体情况做出具体分析的能力。相反，如果一味地、毫无界限地忍让，只能是一种懦弱、无能甚至愚蠢的表现。所以，要想改变被他人欺负的现状或窘迫的环境，就必须学会把握忍让的度，让自己变得像钢铁一样坚强、像水一样柔韧，这样才可以更大限度地实现人生的价值。

·3·

柔性生存方式：像水般柔和

中国人的美德是静的美德，主宽主柔，主知足主常乐，主和平敦厚；西洋之美德是动的美德，主争主夺，主希望乐观，主进取不懈。

——林语堂

林语堂在《无所不谈·论中外之国民性》中写道："中国人的美德是静的美德，主宽主柔，主知足常乐，主和平敦厚；西洋之美德是动的美德，主争主夺，主希望乐观，主进取不懈。中国人主让，外国人主攘。外国人主观前，中国人主顾后。"

可见，中国人更偏重于柔性的人生观念，处处彰显"人生如水"的特性。其实，世界上的物质，只有水能象征最高的智慧。它看上去无形无色，却不能被消亡、不能被折断；它也从来不炫耀凸显自己，却让人们离不开它。所以，做人就要像水一样，不贪图名利，不自傲自大，用合乎天理的方式为人处世。

人生之态，要像水一样柔和

林语堂说："假使这一个现世的生命是我们一切所有的生命，那么我们倘要想快快乐乐的过活，只有大家和平一些。从这一个见解，则欧美人的固执己见与不安定的精神，只可视为少壮的粗汉之象征，如是而已。"

纵观古今，有多少帝王将相用和平的方式征服了百姓，稳定了天下。相反，又有多少脾气暴躁、手段残忍的，最后断送了自己的江山。同样，做人也亦然。如果能够像水一样，以柔和的心态通过坚持不懈的努力去追求人生中的目标。那么，这一生将会充满意义。

从前，有一个落魄的年轻人，对人生感到很迷茫。

一天，他遇到了一位智者，智者看他无精打采的样子，关心地问道："年轻人，你遇到什么麻烦了吗？"

年轻人回答道："我很迷茫，我不知道该怎么去把握自己的人生。"

智者笑了笑，随手拿起身边的一个水瓢，然后默然舀起一瓢水，问道："你能告诉我这水是什么形状的吗？"

年轻人疑惑地说："水还有形状吗？"

智者沉默不语，只是随手把水倒进了一个杯子里，年轻人恍然大悟，回答道："我知道了，水的形状就像杯子一样。"

智者还是没有说话，又把杯子里的水倒进了花瓶里，年轻人便随口改变了看法，说："水的形状像花瓶一样。"智者摇了摇头，端起花瓶，将水倒进了一个盛满沙土的盆子里，水一融入沙土里就不见了踪影。

这时，年轻人陷入了沉默，有所悟地思索起来。智者弯手抓起一把沙土，感叹道："看！水就这么消逝了，这就是人生啊！"年轻人对智者的话品味良久，高兴地说道："我知道了，你通过水来告诉我，在这个像一个个规则容器的社会里，人应该像水一样，不仅可以形成各种容器的形状，还可以在容器里迅速又突然地消逝，一切都已经定性。"

智者摇了摇头，说道："是这样，又不是这样。"随后，智者带着年轻人来到了屋檐下，只见智者俯身在青石板的台阶上摸了一会儿，似乎是摸到了什么东西，便停下了。

于是，年轻人也把手放在智者手所停放的地方，明显地感受到了一块凹处，但他却并不明白这平整的石阶上为什么会有这样的凹点。智者告诉他："每当下雨的时候，雨水就会从屋檐落下，这个经常被雨水击打的地方便变成了一个凹点。"

年轻人终于明白了，兴奋地说道："我知道了，人不仅会被装进规则的容器里，而且也会像一个小小的水滴一样，改变着这坚硬青石板的形状，直至改变了它原有的形状。"智者终于满意地点了点头。

水，代表着一种轻柔的特性，正是因为它的以柔克刚，所以石头才不能阻挡它的前进。正如肖伯纳所说："明白事理的人是自己适应世界，不明白事理的人却硬想使世界适应自己。"所以，人生如水，只要我们竭尽全力地去适应环境，不断地改变环境，就能实现自我的价值，从容坦荡地做环境的主人，从而更好地融入社会，给人生一个精彩。

柔性生存，把握好人生的度

生活中，即使是一样的环境、一样的事情，让不同的人去做，也会出现不同的效应，产生不同的结果。之所以会出现这样的情况，是因为为人处世要把握一个度。把握好人生的度，就是告诉我们学会做人的哲学，它不仅反映了个人的综合素质、办事能力，而且能体现出你是否具有良好的人格。

美国首任总统华盛顿便深知这个道理。

当时，美国的宪法只是规定了总统可以任期4年，其他关于能否连任以及连任届数等都没有做明确的规定。而华盛顿作为一位深受民众喜爱的总统，有着极高的威望，只要他愿意，第三次选举无疑会稳夺宝位，继续连任。但是，华盛顿并不居功恋权，他在第二次任期将至的时候，特意发表《告别词》，表示不再争取连任。

在各层领袖和广大民众面前，华盛顿巧妙地把握住一个"度"。正是因为他没有继续连任，后来的美国宪法才明确规定总统只能连任一次，这样不仅保证了美国政治民主化的发展，而且为美国的经济繁荣与政治稳定奠定了基础。

人生如同走在一个独木桥上，下面是万丈深渊，无论是向左偏还是向右偏，都有可能坠落深谷，只有把握好度才能安全到达幸福的桥头。所以，柔性的生活需要把握好人生的度，不仅要善于培养和经营独特的人格魅力，而且也要学会用美妙的语言来表达出自己的思想和心灵。

·4·
大事聪明，小事糊涂

惟吾恐中国人虽聪明，善装糊涂，而终被此种聪明所误。中国之积弱，即系聪明太过所致。

——林语堂

林语堂在《中国人之聪明》一书中写道：“盖中国人之聪明达到极顶处，转而见出聪明之害，乃退而守愚藏拙以全其身。” 每个人在一生中，不能总是斤斤计较，该糊涂的时候就糊涂，该聪明的时候就聪明，千万不能因顾及自己的面子而有所畏惧。在遇到各种各样的事情时，不如学会摆出模棱两可的态度，让时间去化解一切困惑和烦恼。所以，只要你能够在聪明和糊涂之中左右逢源，学会把握住大的方面、并做到小的方面不出大格，就能显现出你宽广的胸怀和足够的智慧，使其在追求成功的路上助你一臂之力。

抓大放小，不必太较真

正如一颗参天大树，即使它抵挡得住狂风暴雨的袭击，也不一定能够在一小队甲虫的攻击下继续生存。只要这些甲虫从它的根部咬起，这个森林中的巨人也可能会倒下。生活中，总有一些人能够在面临大事时稳住阵脚，但却在小事面前慌了手脚，不知道如何去应对。这是因为，他们对一些小事过于患得患失，以致于顾此失彼，甚至得不偿失。

在面临一些左右为难的处境时，要善于从战略角度去解决问题，学会抓大放小，抓住问题的核心，这是一种更高的人生境界。

有次，楚庄王在宴会上命令他最宠爱的美人给群臣们纷纷敬酒。不料，一阵狂风吹来，大厅里的灯全被吹灭了，顿时一片漆黑。这时，不知道是谁趁机用手拽住了美人的衣袖，想占她便宜。幸好，美人在慌乱中急中生智，迅速把那个人的冠缨扯断，来到了楚王的身边，委屈地向他诉说了自己被调戏的过程，并把手中扯下来的冠缨交给了楚王，这样只要点上了灯就能查出那人是谁了。谁知，楚庄王只是安慰了美人几句，便面向大家高声地说道："今天喝酒一定要尽兴，谁的冠缨没有断，就是少喝酒了！"于是，为了讨好楚庄王的群臣将相纷纷扯断冠缨，都喝得烂醉如泥。所以，等到大厅里的灯全被点亮时，大家的冠缨都断了，想查出调戏美人的那个人根本不可能了。

3年后，在楚国与晋国的一次作战中，楚军中有一位一马当先的勇士总是冲在前头，丝毫没有惧怕牺牲的感觉。楚庄王很是奇怪，问他："你为什么这么拼命呢？"勇士忠诚地回答说："末将该死，三年前的一次宴会中，我醉酒失礼，而大王不但不治我的罪，而且还为我掩盖过失，所以，我只能忠心为国、奋勇杀敌才能报答大王。"

在3年前的宴会上，楚庄王在美人被调戏这件事上采取了"糊涂"的态度。他认为，在酒醉这种情况下，偶有失礼在所难免，所以才想办法让大家都扯断冠缨，而楚庄王的宽容大度最终也得到了应有的报偿，他这种“糊涂”无疑不是一种远见之明。

正如吉布林所说：“生命是这样的短暂，不能再顾及小事。”要想让自己收获更多，就要学会改变自己的看法和观点，克服被小事困扰的毛病，让自己更为注重一些可以令自己开心的东西，做一些可以令自己变得更好的事情。这样，我们才会拥有一种能够轻松生活的资本，而不会因自己浪费了不必要的时间而伤心后悔。

糊涂，也是一种大智慧

林语堂说过：“惟吾恐中国人虽聪明，善装糊涂，而终反为此种聪明所误。中国之积弱，即系聪明太过所致。”当我们在众多小事上斤斤计较的时候，可能会因小失大，被“石头”绊住了脚；而一个善于装糊涂的人却能够顺其自然地把“石头”踢到一边，并左右逢源，诸事顺遂。

北宋初期，有一个幽州人叫吕端，他自幼聪明好学，不仅心胸豁达，而且乐善好施。有次，太祖赵匡胤任命吕端乘船出使高丽。不料，他们在路途中遇到了狂风的袭击，巨浪滔天，船只左右摇晃，甚至船上的桅杆都被吹断了。船上的人都很害怕，只有吕端镇定自若，依旧十分平定地在那里看书。等到宋太宗上位后，老臣赵普对宋太宗推荐吕端，上书道：“无论是受到奖赏还是受到挫折，吕端都能够十分冷静地处理手下的政务，实在是辅佐朝廷的难得人才啊！”于是，宋太宗便有意提拔吕端，任命他为协助丞相管理朝政的参知政事。随即，大臣们便议论纷纷，认为吕端并没有什么机敏之处，而宋太宗却坚定地认为吕端大事不糊涂。果然，成为宰相的吕端不仅能在处理军国大事时充分施展自己机敏、果断的才能，而且能在大臣遇到难事、难以决策时圆满地代为解决。公元998年，宋太宗驾崩后，李皇后和内侍王继恩等人密谋废除太子，吕端察觉到此苗头时，立即暗无声息地将王继恩拘禁起来，并衷心辅佐宋真宗即位。

这就是“大事不糊涂”的典故，吕端的一生经历了北宋时期的三代帝王，他不仅能够在其40年的宦海生涯中一帆风顺，而且能够在这伴君如伴虎的封建王朝中以善而终。无疑，这与他在面对大局时毫不糊涂、面对小事糊里糊涂的情商是分不开的，在关于个人利益的问题上，他那种糊涂了事的做事方式更值得我们学习。

郑板桥曾说过：“人，难得糊涂。”此处的糊涂是一种处世的哲学，是一种超脱的智慧和宽容。求大同、存小异，唯有能容忍、有肚量的人才能成就大事；相反，那些眼里容不得沙子，对什么鸡毛蒜皮的小事都要过分挑剔、论是非对错的人，很难得到别人的爱戴和尊敬，更很难取得成功。

·5·

不亢不卑：强者的处世法则

过分自尊，对什么人都瞧不起的人，固非所宜，但对于什么人都自愧形秽，凡事过分自卑，唯对方之言是遵，也非所宜。最好应该是不亢不卑，保持适当的情绪表现，此乃获得别人良好印象的不二法门。

——林语堂

如果一个人太在乎别人的眼光和评价，会让自己做事放不开手脚，在犹豫不决中失去自我的个性，失去自我的价值。

林语堂说过：“过分自尊，对什么人都瞧不起的人，固非所宜，但对于什么人都自愧形秽，凡事过分自卑，唯对方之言是遵，也非所宜。最好应该是不亢不卑，保持适当的情绪表现，此乃获得别人良好印象的不二法门。”

日常生活中，能够保持不卑不亢的人难能可贵。这种不卑不亢的高贵品格并非人生来就有，它少不了后天的修养和生活的沉淀。所以，一个人倘若能够在现实的生活中时常进行思考和领悟，就能够让自己的胸怀更加通达、心智更加成熟，从而让自身形成一种面对生活的处世法则，不卑不亢，并最终成为强者。

不亢不卑，是一种处世态度

为人处世有一个态度的问题。这种态度不仅与自身的个性相互关联，还与其身份、地位、角色有关。与人相处，过卑或者过亢，都不利于人际关系的正常发展，可以说，这两种态度都是为人处世的极端。相反，能做到不卑不亢的人则是达到了一种做人的境界，不仅可以获得他人的尊敬，有利于人际关系的正常交往，还能够在各种场合中展现自己。

春秋末年，齐国派宰相晏子前往楚国拜访。不料，楚国人竟然因为晏子身材矮小专门在大门旁边开了一个狗洞，想让晏子从此门进去。

晏子当然不肯屈服，只见他压抑住心中的怒气，心平气和地说：“只有出使狗国的人，才应该从狗门进去。我现在出使的是楚国，怎么可以从这个门进呢？”于是，楚国接待晏子的司仪只好让他从大门进去会见楚王。

楚王见到晏子后，轻蔑地说：“齐国难道没有人吗？怎么会派你来出使我们楚国呢？”晏子面带微笑，自豪地回答道：“齐国的临淄有三百个居民区，如果让所有人都把衣袖举起来，那么就足以围成一道墙；只要大家甩一下自己的汗水，就像是下了一场大雨一样，你凭什么说我们齐国没有人呢？还有，齐国派遣使者，一直都是依照规章制度的，要根据出使国的情况而定。所以，贤能的人就会被派往有贤明君主的国家；而无能的人则会被派往到有无能君主的国家。我晏子是齐国最无能的人，所以才被派来出使楚国。”一时之间，楚王竟无言以对，很是尴尬。

面对种种刁难，晏子不卑不亢，最终完成了使命，还赢得了尊敬。

对于真正有智慧的人来说，面对人生得意，不会自大自傲；面对人生失意，不会自卑自曲。无论大事、小事，都保持光明磊落，不仰人鼻息，不趾高气扬。只有这样，才能展示出自己的人格魅力，实现自己的人生价值。

内心强大，才能让人生更有意义

生活中，无论是物质的诱惑还是人际关系的错综复杂，经常会扰乱我们的心境。而能够真正做到淡泊、宁静的人，就如同内心蕴藏着一股超乎寻常的神奇力量，这种力量可为人生增添精彩。相反，如果一个人妄自菲薄，经常因自己的缺点或不足而自卑。那么，他可能经常要在各种矛盾与冲突中纠结，在自卑中遭受内心的痛苦，难以实现人生价值。所以，直面自己、接受自己、欣赏自己，让自己拥有一个强大的内心，才能无所畏惧地活出真实的自己。

在一个乡村里，有一个修行的僧人。有次，这个僧人出门时，看到一只被冻僵了的小老鼠躺在自家的门口，出于善心，便把它抱进了屋子，用温暖的双手拯救它。终于，感受到温暖的小老鼠苏醒过来，恢复了健康，从此和僧人生活在一起。白天，小老鼠跟着僧人在外面晒太阳；晚上，则跟着僧人一起睡在暖和的羊毛毯上，僧人还给它讲小故事，生活还算过得愉快。

但是，小老鼠却很害怕僧人养的一只猫，虽然猫并没有伤害它，但出于天性，它每次见到猫都会感到惧怕。于是，小老鼠找了个合适的机会，对僧人说道：“慈善的修行者，我和你生活在一起是我这辈子最快乐的日子，但唯有一件事，我需要你的帮助。”僧人笑了笑，问道：“是什么事情呢？”小老鼠想了想，鼓起勇气说道：“我每次见到你家的猫时，都会不由自主地产生一种惧怕感，所以我想让你把我变成一只猫，可以吗？”僧人没有说话，只是按照它的要求，把它变成了一只猫。

然而，小老鼠本以为变成一只猫就万事大吉了，可没想到的是，它刚一出门就遇到了一只很凶猛的恶狗，只得连爬带滚地跑回了僧人的家里。然后，平定下来的它又找到僧人，要求再把它变为一只狗，僧人又答应了。这下，变成狗的小老鼠开始变得自信，它大摇大摆地走出了家门。突然，一只老虎从它身边经过，它又被吓得拼命跑回了家。于是，小老鼠又找到僧人，沮丧地要求僧人把它变成一只老虎，僧人还是答应了它，把它变成了一只老虎。

然而，变成老虎的小老鼠居然看到厨房里的猫时，还是会惧怕，尖叫了一声跑回了僧人身边。小老鼠自己也很疑惑，不知所措地问僧人道：“慈善的僧人，请你告诉我，为什么我变成了老虎，却还会害怕猫呢？”僧人终于忍不住笑了起来，然后抚摸着它，说道：“重要的是在于你有一颗什么样的心，并不是在于你有什么样的身体和外观。你的心只是一颗小老鼠的心，就算你变成什么样都会害怕猫的！”小老鼠终于恍然大悟。

僧人的话很有意义，拥有什么样的心，就会产生什么样的想法，从而决定了如何行动。所以，小老鼠没有一颗强大的内心，不可能拥有强大的动力，它变成了老虎但仍然是一颗老鼠的心，无法改变畏惧猫这一状态，也是情理之中的了。

做人亦然，每一个人都是自己命运的唯一设计师。所以，改变自己人生的并不是别人的权力或财富，而是自己强大的内心，也只有靠自己内心的智慧和热情，才能找到内心的平定与安宁。

· 6 ·

有所不为：放弃一些，得到一些

也许我一生所做过的许多的事，需求上帝宽宥，倒是所未做的事，反是我的美德。

——林语堂

生活中，机遇、挑战、诱惑无处不在，但无论我们遇到什么，都应该保持一颗清醒的头脑，懂得“有所不为”的道理。

林语堂认为，“君子不为”是极其重要的事情。他在《有不为斋解》中写道：“也许我一生所做过的许多的事，需求上帝宽宥，倒是所未做的事，反是我的美德。”人生漫漫，或许，生活会不断地逼迫你，让你一次次失去机遇，得不到自己想要的一切。所以，我们应该学会选择，学会放弃，敢于放弃，这不仅是一种生存的动力，也是一种良好的心态。

有所不为，守住做人的底线

无论是感情道德还是社会法则，底线都是最基本的标准，做人亦然。古往今来，人类由简陋保守的原始时代发展到和谐共存的现代，之所以能够一点点地进步，就是因为人类懂得立足于社会，必须有一道道并不能逾越的界限，那就是底线。要想在现实生活中维护自己的自尊、安身立命，就要做到心中有数，懂得取舍，守住处世中最基本的准则。

刘少奇是我国的老一辈革命家，在他还是个中学生的时候，曾发生了这样一件事。

当时，刘少奇还在读初一，他们班有一个姓徐的同学与他的关系很一般。然而，升到了初二，这个姓徐的同学突然跟刘少奇套起近乎来。有次，他对刘少奇说：“现在的社会很复杂，要是没有个靠山，是不能找到一个好工作的。”刘少奇感觉他话中有话，却又疑惑不解，不知道他这“葫芦里到底卖的是什么药”，便随口问道：“你是不是也想找个靠山呢？”徐同学诡异地笑了笑，边摆手边说道：“没有啊，我完全是为了你好啊！”刘少奇还是感觉奇怪，谨慎地说道：“谢谢你对我这么关心。但我现在还很小，还没有想过到社会上找碗饭吃的事情，目前，我只想多读点书。只要把自己的知识武装齐全，就一定能在未来派上用场的。”这个姓徐的同学显得很是无奈，也没再说什么了，打了个招呼就走开了。

后来，刘少奇才得知，原来那个姓徐的同学有个在外当兵的哥哥，在部队里混了几年，还当上了一个小班长。恰好，这个姓徐的同学在暑假去看望哥哥时，得知哥哥所在部队的副营长是刘少奇的六哥刘云庭，这才想通过刘少奇给他哥哥求得个一官半职。毫无疑问，他想错了，刘少奇最讨厌趋炎附势的人，又怎么会做出这样的事情来呢？

刘少奇作为党的代表，更是有着为人敬佩的君子精神。正如易中天教授所说的：“一个什么都不在乎的人，也不可能真正在乎自己；一个什么都不怕的人，最后就什么都不是。”如果人没有了敬畏之心，那么就没有了做人的底线。所以，做人，不仅要守住处世的基本准则，而且还要对自己的国家忠诚。堂堂正正做人，明明白白做事，只有处处对自己高标准、严要求，才能不断提高自己的人生价值。

人生在世，要学会选择和放弃

林语堂说过：“明智的放弃胜过盲目的执著。”处世中，拿得起是一种勇气，放得下是一种肚量。生活很难一帆风顺，很多时候，面对众多选择，我们要学会放弃。就像春蚕在蜕变前一定要放弃掉温暖的丝茧，只有真正懂得放弃的人，才能够得到真正的收获。

从前，有一个机智聪明的农夫，他知道贪吃的老鼠会来偷吃仓库里的粮食，便事先在仓库的角落里挖下了一个可以让老鼠空腹进去的小洞，这样一来，只要老鼠随便吃一点粮食，就肯定钻不出来了。果然，当老鼠发现这个小洞时还暗自窃喜，却并不知道这是农夫专门设计的。于是，看到有机可乘的老鼠便悄悄地来到了这个洞口，顺利地钻了进去，随心所欲地吃起了仓库里的美食。然而，吃饱后的老鼠却怎么也钻不出来，最终落到了农夫的手里。

这只老鼠因为贪吃而丢掉了性命，相反，如果它能够在进小洞之前就加以权衡，思考后再做出选择，那么它也许就能保住自己的性命。

“鱼和熊掌不可兼得。”人生如戏，一个人在关键时刻，必须有所选择，这种选择之中也许要求放弃一些东西。而只有学会在人生的一些重要时刻，选择该选择的、放弃必须放弃的，才能够创造出精彩的人生。也不要以为放弃是一种很傻的举动，要知道，放弃是选择的一种跨越，是一种智慧的选择，是追求生命和生活中更高层次的有效途径。

·7·
守拙也是大智慧

举国皆不吃眼前亏之好汉，而独无一肯吃亏之弱者，是国家之幸乎？是国家之幸乎？

——林语堂

守拙是一种智慧，表面上看似什么都不知道，实则内心里比谁都清楚。

林语堂说过：“盖中国人之聪明达到极顶处，转而见出聪明之害，乃退而守愚藏拙以全其身。”现实生活中，如果你无法巧妙地展示自己的才华和天赋，就可能永远都得不到重用的机遇；但是，如果你太过招摇，却更容易引起别人的反感，甚至遭到陷害和算计。也可能一时取得了成功，然而这种招摇的方式却在无形之中会为自己埋下一颗随时都会伤害到自己的炸弹。所以，保持一颗平常心，用守拙的智慧从容乐观地面对生活，不去计较是是非非，也只有这样，才能忘掉生活的悲伤和烦恼，拥有一个潇洒的人生。

守拙，需要勤奋和积累

对于“守拙”一词，老子认为是大智若愚，郑板桥认为是难得糊涂，佛经认为是吃亏是福。但是，守拙看似是一种笨的体现，实则却是一种大智慧，各种说法都归根于一处，那就是老老实实、一步一个脚印，用汗水换取成果，在历经沧桑的人生中实事求是。

古往今来，大多数的杰出人才都以天资卓越著称，但以笨著称的人才并不多见，曾国藩便是守拙的典范。

曾国藩曾自称道："余性鲁钝，他人目下二三行，余或疾读不能终一行。他人顷刻立办者，余或沉吟数时不能了。"在他的家乡湖南湘乡，流传着这样一个笑话，说是曾有个小偷潜伏到曾家偷东西，恰巧遇见曾国藩在秉烛夜读，本想着速度行事的小偷只好等着曾国藩睡着时再下手。可是，时间一分一秒地过去了，一篇短短的文章在曾国藩的嘴里朗诵了无数遍，还是没记在他的脑子里。不知不觉，已经到了半夜，小偷见他还在背书，不肯睡觉，实在是忍无可忍了，竟然胆量十足地跳了出来，叫道："一大晚上的时间连一篇短文章都背不会，你这种笨脑袋还读什么书呢？"

俗话说，笨不可怕，可怕的是笨而懒惰、安于现状而不去努力。可见，曾国藩在面对自己的"笨"时，选择了勤奋，用知识来积累自己的修养。他不仅避开了笨人毫无自知之明的短浅，而且还克服了原附在笨人身上的难以自救的困难。所以，一个人倘若能够自知其拙且自守其拙，那么就一定能够达到大智慧的境界。

不仅要守拙，还要养拙

对于守拙的人生观，历来都是一个多有阐发的话题。白居易在《养拙》一诗中摆脱了名利诱惑的枷锁，回归于大自然田园的生活，这看似是一种愚拙无成，却真正享受到了人生的逍遥。像这样的例子很多，很多作者、才子不仅称自己的见解为"拙见"、"拙纳"，还把自己的作品谦逊地称为"拙著"、"拙作"或"拙笔"。可见，这些傻乎乎的"拙"人虽然被别人嘲笑，却仍在保持着自身的无形修养。

子的《达生篇》里，有这样一则寓言。

个专门训鸡的名手叫纪消子，有次，齐王召他为自己驯养斗鸡。

，齐王迫不及待地问纪消子：“我的鸡可以上战场斗战了吗？”

定地说：“不可以！这只鸡天性骄矜，就这样相斗的话肯定会战

又过了10天，齐王又前来催促，可纪消子却仍然说：“现在，这

听到外面的响声就会放生回应；看到外面晃动的影子，就会心

它这种易受外界牵动的表现，根本就不宜打仗，毫无胜算。”只

又回去了。就这样，数十天又过去了，齐王终于按耐不住了，心

如何我也要把这只鸡带上战场。恰好，这次纪消子终于给了一个

案，他告诉齐王说：“恭喜大王，这只鸡可以在战场上相斗了。

日子的观察上看，无论周围发生什么，这只鸡都能神闲气定，看

鸡，却可以让其他任何一只挑衅的鸡溃败逃窜，已经天下无敌

然，这只鸡在战场上胜利了，齐王开怀大笑。

小小的寓言，告诉我们不要太锋芒毕露，学会修养内敛的涵养，

成功。

，现实生活中，有多少人为了各自的仕途汲汲皇皇，随波逐流

利，甚至机关算尽而迷失本真。我们不妨转念一想，这种尔虞我

安于拙愚相比较呢？人生在世，不必太聪明，更不可逞聪明，不

，更要养拙。只有用随缘豁达的态度面对人生的难堪、羞辱，做

分际、朴质踏实的智者，才能让成功离自己更近，让人生更加

·8·

中庸里透出的人情味儿

生活所需的一切不贵豪华，贵简洁；不贵富丽，贵高雅；不贵昂贵，贵合适。

——林语堂

中庸的“中”字是指中正、中和，对人一视同仁；“庸”是指平常、平庸，做事不争不竞。古往今来，没有任何思想可以取代中庸思想的实用性，也没有任何思想可以脱离被这种思想影响的环境。林语堂的文学作品无不体现着中庸的哲学，不仅把东西方文化与中国传统文化和谐统一在一起，而且体现了一种近情的精神。

林语堂在《自传》中这样写道：“我像所有中国人一样，相信中庸之道。”生活中，不管是对人还是对事，都尽量保持一个中正的态度，不要过也不要不及，用平常心交际，就能够在彼此之间达到平等、理解的境界，不会出现大的过错。相反，如果一个人总是从极端处思考问题，要么想得很好，要么想得很坏，没有一个求得中和的方式，那么就很容易产生各种各样的错觉，阻碍与他人的正常沟通。所以，应保持一颗平常心，以中庸的心态待人处事，才能消除烦恼，赢得人生的快乐。

中庸，首先要有人情味

林语堂说过：“中国人对于人类所抱的一般态度，可归纳为，让我们

青的人。”可以这么说，无论是道德上还是法律上，中庸的处世
王具有普遍意义的成功智慧，是具有至高无上地位的成功法宝。
庸的产生离不开合理的行为和良好的品质，要具备人情味。
间，有这样一个故事。
立在外闯荡的年轻人，经过奋斗之后终于赚了很多钱。后来，年
大的二人准备回老家安享晚年。不料，在他们回家的路上遇见了
手里拿着一面铜锣，正站在不远处等着他们。二人很是疑惑，
道：“你在这里做什么呢？”老先生若有所思地说：“我是地狱
人敲最后一声铜锣的人，你们两个现在都只剩下了3天的生命时
的黄昏，我将拿着铜锣分别到你们的家门口敲，你们一旦听到
生命就结束了。”话音刚落，这个神秘的老人就消失不见了，剩
年轻人愣在原地，不知所措。他们都很是想不通，自己这么多年
钱，终于有钱回家享福了，却只剩下了3天的寿命。就这样，二
定地回到了各自的家乡。
个有钱人到家后还是一副垂头丧气的样子，水米未进，愁眉苦脸
自己的财产，只记得老者的那一番话。终于，当3天后出现在他
老人敲响手里的锣鼓时，他立刻就倒了下去，死了。另一个有钱
反，他到家后很快就想开了，从小就离开了家的他决定把自己的
家乡所有苦难的人，就又是铺路又是造桥，整天忙得不亦乐乎，
了3天后铜锣声这件事。到了第三天的晚上，他把自己所有的财
了，为了表示感激，村民们请了锣鼓阵、歌仔戏等到他家门口
舞龙舞狮，放了鞭炮和烟火。这时，依约出现的老人也来到了他
敲铜锣，但这锣声淹没在了欢乐的声音之中，老人再怎么敲也没
走开了。当然，这个有钱人继续活了下来。
的奋斗，同样的收获，却有着截然不同的结果。结论是只有学会

同别人分享，充满人情味，才会让生活充满更多的可能。

俗话说的好：“人情留一线，日后好相见。”生活中，我们的每一个举动和言谈无不包含着深刻的人情内涵，不仅让生活更有弹性，而且还增进了人与人之间的感情。但是，如果人与人之间清晰地算计利害得失，就会导致彼此之间的人情味越来越淡，使自己的生活和交友圈子变得更加狭小。所以，我们都要学会在为人处世上恪守中庸，充满人情味，这样，才能与别人建立起良好的人际关系，有利于和谐生活的形成。

中庸，追求的是一种和谐

和谐，是中庸之道的出发点和落脚点，它影响着中庸的产生和发展。从哲学的角度来说，和谐是一种具有整体性的和谐，追求的是人与人、人与环境之间的和谐之美，不仅要求我们保持一种稳定的心理状态，而且也要具有控制自己情绪的能力。只有被他人接受，具备了与人为善的意愿和爱人的能力，才能融入这个整体。

在一个漆黑的夜晚，几个行人小心翼翼地在一条偏僻的小巷里摸黑前行。走着走着，他们突然看到前方有一处光亮，好像是有人在提着灯笼行走。于是，其中一个行人迅速地走上前去，结果却让他大吃一惊。原来，这个手提灯笼的人是一个盲人，只见他一手提着灯笼，一手拿着一根竹竿谨慎地探路。这位行人很是疑惑，问道：“您什么都看不见，为什么还要手提灯笼行走呢？”盲人若有所思地笑了笑，回答道：“道理很简单啊，我只要提着灯笼就能为你们带来光亮，这样一来，因为我的灯笼给你们带来了许多方便，所以有很多的路人都会热情地搀扶我，以示感谢，也带领我走过了一个又一个沟坎，让我避免了很多危险。这岂不是一举双得吗？”

正所谓“投之以桃，报之以李”。这位聪明盲人看似多此一举的行为不仅照顾了别人的安全，还让自己也得到了别人的照顾。

是各种社会关系的总和，人离不开社会，社会也离不开人。同语“一个篱笆三个桩，一个好汉三个帮”所言，任何一个人都存在，都离不开其他人的帮助。人与人之间只有相互帮助，取会有雪中送炭的温暖，才会实现互利共赢，彼此间呈现出和谐

·9·

罚之，莫如宽之

，宽恕他们，因为他们所为，出于不知。

——林语堂

像一面镜子，我们如何面对它，它就会如何反馈我们。所以，、从容的心态去面对自己遇到的一切，才是最好的人生态度。说过：“宽之者比罚之者有福。”或许，我们无法左右命运，择怎样来面对现实。如果我们能够在惩罚和宽容面前选择宽一个改过的机会，就等同于给自己一个更为广阔的空间。学会不断地超越自我，用善待别人的心面对周围的一切。因为爱比容比惩罚更有力量。无论和什么样的人打交道，只要有一颗宽可以大事化小、小事化了。

人生的真谛

是一种高贵的思想修养，也是一种深邃的胸怀，它体现着人生

的真谛。现实生活中，人与人之间少不了一些磕磕碰碰的矛盾，常常因一时的疏忽而冒犯了别人。遇到这种情况，不如保持一颗宽容的心来面对一切，即使只是一句“对不起”或“没关系”，也会让不愉快烟消云散，让彼此重归于好，和睦友善。

在晋代，有一个叫朱冲的大臣，他虽然官位很高，却一直待人谦和宽厚，而且从小就是这样。在朱冲小的时候，家境的贫寒使得他无学可上，只得在家里种地放牛。村里有一家人总是喜欢占小便宜，平日里老把自己家的牛放在朱冲家的地里，任其啃吃朱冲家的庄稼。然而，朱冲虽看在眼里却并不在乎，反而还经常从别处带些草回来，连同那啃吃自家庄稼的牛一起送回主人家，并很是关心地对那家人说：“你们家人少地多，难免会顾不上看牲口，只要你们需要，下次我还可以再给你家送些草来。”那家本想占便宜的人一听，便觉得惭愧不已又很是感激，他们对朱冲说：“你真是太好了！你放心，以后我们再也不会让我家的牲口糟蹋你家的庄稼了。”后来，朱冲在朝廷做官之后，仍然不改宽厚本色，不仅赢得了民心，还让自己的仕途一帆风顺。

幼年时的朱冲就表现出了不同于他人的宽容美德，在他受到别人的欺压时，不仅不斤斤计较，而且还进一步为他人考虑，帮助他人。这也体现出他良好的修养和气质，以至于他很快就赢得了民众的爱戴，收获了属于自己的那份精彩。

生活中，遇到别人有意无意伤害自己时，这时你会横眉竖眼地与之争吵，还是宽以待人、仁厚为本呢？如果你不愿意吃一点儿亏，非要和对方争个高低，那么很可能会让自己更加的气愤，事情也不会得到很好的解决。所以，不如学会忍一忍、等一等，让彼此都冷静下来的时候再加以说明。这样一来，就会收获很多有益身心的东西。

误解，要学会宽容

，不免会有一些不尽人意的地方，不经意间会遭到别人的误于理解或赞美，误解总会让人感到不快，但我们何必要对此耿雨果说过：“世界上最宽阔的是海洋，比海洋更宽阔的是天更宽阔的是人的心灵。”当我们被误解时，如果能够经受住考宽容来面对，那么误解终会消除。挫折磨砺我们的心志，让我对人生。

一个小故事，故事中的主人公是一个诗人，他有一个独特的每天都到海边去捡贝壳，但每次回来都没带过任何一个精美的儿子觉得很奇怪，便跟随着爸爸一起来到了海边。儿子惊讶地次都把自己好朋友的名字写在贝壳上，然后再把贝壳放回沙滩与自己发生过误会的人的名字写在沙滩上。儿子疑惑不解，便么要这么做，爸爸笑了笑，抚摸着儿子的肩膀，回答说：“我我有恩、有帮助的人的名字写在精美的贝壳上，就是因为这些被别人收藏，这些好人就会随着贝壳让我、甚至更多的人记住些与我有过不愉快或误解的人，我就把他的名字写在沙滩上，他们的名字就会随着潮起潮落而淡化消失，如同那些不愉快的也随着时间而消失，我的心也就淡然了。”

儿子之间的对话看似浅显易懂，却道出了一个人生处世的大诉我们，只有在误解中保持一颗宽容的心，才能让我们过得轻彩。

一种大度与包容，体现的是一种人生智慧与豁达。宽容的人很们的尊重与信任。宽容像一支火把，可照亮前进的方向，引领功。

NO.5

敬天，爱人，惜物

——林语堂谈修身的艺术

敬天、爱人、惜物是修身的三个层面，是中华传统文化的精髓。

敬天，就是对天道有一颗敬畏之心，时时以“道”来要求自我，不做违背道义的事。

爱人，就是以仁爱之心来对待他人，己所不欲，勿施于人，在与他人相处时，要时时站在对方的角度考虑问题。在他人需要自己的时候，要伸出援助之手。

惜物，就是珍惜自己所拥有的东西，乐观优雅地面对生活。不要看自己没有什么东西，而要看自己拥有什么东西，在简单的生活中找到快乐。

·1·

“高地”人生观：站得高，望得远

今日的我之各种感力中，要以我在童年和家庭所身受者为最
人生、文学与平民的观念，皆在此时期得受最深刻的感力……
些健全的观念和简朴的思想，那完全是得之于闽南坂仔之秀美

——林语堂

站得更高，才能望得更远。站在平地上，会被眼前的东西所蒙
到的不过是很小的范围；而当我们站在高地上时，会看到更远
们的心胸会变得更开阔，看问题会更为长远，我们对未来的目
清晰。

高远

先生出生在福建漳州平和县坂仔镇，秀美的青山给了他很多启
人生不过如此》一书中说：“如果我有一些健全的观念和简朴
完全是得之于闽南坂仔之秀美的山陵。”青山给了他更高的视
他看到更广阔的的人生。

山给了林语堂先生很多美好的回忆，在山上他看到了远方更
。未登上山时，会觉得一个小土丘已经很高，而登上山后，才

发现之前的视线是如此的狭隘。只有站得高，才能望得远。正如王之涣所说“欲穷千里目，更上一层楼”，又如杜甫所说“会当凌绝顶，一览众山小”。只有当你登上高峰时，你才会发现原来那些小丘，那些曾原本仰望的丘陵，其实都不过尔尔。

陈胜年轻的时候，曾经同别人一起被雇佣耕地。有一天陈胜停止耕作走到田畔高地上休息，因失望而愤慨叹息了很久，说：“如果有朝一日我们谁富贵了，可不要忘记老朋友啊。”雇工们笑着回答说：“你是个被雇佣耕地的人，哪来的富贵呢？”陈胜长叹一声说：“唉，燕雀怎么知道鸿鹄的志向呢！”陈胜后来起义称王，称霸一方，而其他雇工依然在耕地。陈胜和其他雇工命运的差别正是因为他们的眼界不同。陈胜站在了人生的高地，看到了未来的无限可能，而其他雇工只是着眼于眼前的一亩三分地。

元代画家王冕出身贫寒，年幼时没有上私塾的机会，只能每天放牛。有一天，他的父亲叫他去放牛，他把牛放在草地上，自己溜到私塾里去听村童读书，傍晚回来时，牛不见了，他被父亲狠狠地打了一顿。可是他并不因此作罢，过了几天，他又到庙里坐在佛像的膝上，借长明灯读书认字。正是因为这种热爱学习和追求梦想的精神，最终让王冕改变了命运。

中央电视台记者曾采访一个西北放羊娃：“你每天干什么？”“放羊。”“放羊为了什么？”“挣钱。”“挣了钱呢？”“娶媳妇。”“娶了媳妇呢？”“生娃。”“生了娃呢？”“放羊。”……这是一个很悲哀的故事。放羊娃的视野只局限在放羊中，并没有看到更远的世界。娶妻，生娃，再放羊，这是一个无限的轮回。放羊娃视野的局限有环境的因素。我们不应苛求放羊娃，但背后的原因值得我们去深思。一个人若是没有梦想就不会前进，我们的起点可能被限制，但我们的灵魂一定要站在高地上。

庄子在《逍遥游》中描写了“鲲”这一种大鸟。“鲲之大，不知其几千里也。化而为鸟，其名为鹏。鹏之背，不知其几千里也；怒而飞，其翼。是鸟也，海运则将徙于南冥。”而蜩和学鸠却嘲笑大鹏，说有什么用呢？庄子对蜩与学鸠进行了辛辣的嘲讽。鹏是志在万而蜩、鸠只看到了自己眼前的小地方，这是眼界的不同。“朝，蟪蛄不知春秋”，这是何等的狭隘！只有站在高地，才能看能摆脱这些狭隘的看法。

得高，才能望得远。人应当有更高远的志向、更广阔的心胸，更多的高地，而不是止步于眼前的小丘。

山迷雾

说在谈到青山对他的影响时说：“那些青山，如果没有其他影令我远离政治，这已经是其功不小了。当我去年夏天住在庐山之想中看见山下两只小动物，大如蚂蚁和臭虫，互相仇恨，互相倾谋毒计以争‘为国服务’的机会，心中乐不可支。如果我会爱那就是因为我爱那些青山的缘故了。如果我能够向着社会上一般孤立无助、依赖成性和不诚不实而微笑，也是因为那些青山。如笑踞居高位之愚妄和学院讨论之笨拙，都是因为那些青山。”

林语堂的影响让他远离政治。林语堂用山下大如蚂蚁和臭虫喻在世俗中追求功名利禄的人。他们为名利所惑，是因为他们迷雾当中，不能看清楚眼前的纷乱杂扰。当人站在人生的高地见世俗的名利是如此的微不足道，为追逐利禄而勾心斗角的人可笑，如果可以看明白这些，人就可以走出这样的迷雾。

“不识庐山真面目，只缘身在此山中。”王安石说：“不畏只缘身在最高层。”身处于庐山之中，自然被眼前的迷雾所得高，跳出眼前的小圈子，才可以看清楚这一切，看清楚自己要的是什么，看清楚什么样的人生才是理想的人生。

春秋时期，孔子推行仁义的学说，但由于当时正处于战乱时期，诸侯想的都是如何通过战争来称霸，孔子的仁义学说并不受到重视。他游说了多个诸侯国，但都无功而返。然而孔子并没有放弃自己的学说，他收了很多个弟子，传授仁义的学说。他的思想逐渐被发扬光大，成了中国两千多年的主流思想。他处于乱世中，但他跳出了庐山的迷雾，从更高的角度出发，这是他伟大的原因。

名和利是人生的迷雾，我们生活在尘世中，往往会被这些表面的东西所迷惑，会看不到前进的方向，甚至会误入歧途。站在人生的高地，可以让我们不为浮云所惑，可以让我们看清楚什么是我们内心真正想要的东西，可以使我们去追求真正有意义的人生。

·2·
情、智、勇：孟子的修身法则

一个热诚的、优游自在的、无恐惧的人是最能够享受人生的理想性格。孟子以“智、仁、勇”为他的“大人”的三种成熟的美德。我想把“仁”字改为“情”字，而视“情、智、勇”为大人物的特质。

——林语堂

孟子列述“大人”的三种“成熟的美德”是“仁、智、勇”，林语堂先生认为把“仁”改为“情”更为恰当。“情”在林语堂先生看来是一种对人和事的热爱，是在恶劣条件下依然保持着的一颗赤子之心。“情”、

“勇”三者的结合，是理想人生的重要条件。

消亡的赤子之心

堂先生说：“我们的热情或情感是随生命而同来，无可选择，正能择拣父母一样，我们不幸天生就有一种冷静或热烈的天性，这在另一方面，没有一个小孩生来就是冷漠的，当我们渐次失掉那时，才会逐渐失掉我们内在的热情。在我们生活的某一时期中，的天性被一种邪恶的环境所摧残压制、挫折或剥削，其所以如是由于我们没有留意使之继续生长，或者是我们不能从这种环境生。”

之心是与生俱来的，我们生来对这世界、对人生、对身边的人有我们相信理想主义，相信我们只要努力，目标终于会有实现的在人生的道路上，有很多人因为见到了太多的凶险、太多的残罪恶，慢慢地变冷酷，不再相信“情”。这样的人生又有什么只有保持着一颗赤子之心，才能时时发现人生的美好。

是对亲人、爱人和好友的爱。舜从小不得父亲的宠爱，他的想杀死舜。有一次，父亲对舜说：“粮仓的顶漏水，你快去修舜于是爬到粮仓顶上涂泥补漏，继母便叫弟弟在这时放火烧粮智生，用斗笠保护自己不受火烧而逃。又一次，继母要舜挖的时候，在侧壁凿出一条暗道通向外边。当舜挖到深处，继母往下倒土填埋水井，而舜从旁边的暗道出去，又逃过一劫。继以为舜死了，非常高兴。弟弟象于是搬到舜的宫室住下，弹起回到家中，弟弟十分惊愕，但舜依然不以为意，以后仍然十分爱护弟弟。

张岱，一直很慷慨地替亲友出力帮忙，甚至家产也因此花完，即使多次吃了朋友的亏也不改本性。林语堂先生评价这些人时说：“我相信那些悲哀的情绪不久就会烟消雾散，而他依旧会快乐的。”

“情”还包括对人和事、对国家和社会的一种理想。譬如鲁迅先生“横眉冷对千夫指，俯首甘为孺子牛”是情，梁启超先生的“今日之责任，不在他人，而全在我少年”是情。赤子之心对个人而言，可使个人找寻到人生的意义；对社会而言，是社会进步的动力。

情、智、勇的结合

林语堂先生说：“这种慷慨热烈的心情须有一种哲学加以保护，人生是严酷的，热烈的心性不足以应付环境，热情必须和智勇连结起来，方能避免环境的摧残。”一个人只有把热情和智慧、勇敢结合起来，才能干一番大事。

三国时期，诸葛亮辅佐刘备。在曹操率领百万大军南下时，诸葛亮前往东吴面见孙权，力图达成孙刘联盟。诸葛亮到达东吴后，先干激将法刺激孙权。而后察觉到孙权既不愿受制于曹操，但又担心曹操势强而不能匹敌。诸葛亮于是声明刘备的军力仍不下两万，有能力与曹操作战。然后又分析出曹操的劣势：劳师远征，士卒疲惫；北人不习水战；荆州之民尚未真心归附曹操。诸葛亮认为如果孙、刘联合，是可以逆转取胜的，并明示战后将有三分天下之势，孙权逐渐被说动了。

后来，周瑜率领军队与刘备会合，在赤壁与曹军展开决战。当时曹操因为北方士卒不习惯坐船，于是将舰船首尾连接起来，人马于船上如履平地，这正好给了孙刘联军火攻的机会。孙刘联军用火箭射向曹军，顷刻之间，烟炎张天，曹军人马烧、溺死者无数。在对岸的孙刘联军横渡长江，趁乱大败曹军。曹操见败局已无法挽回，当即自焚剩下的战船，引军沿华容小道向江陵方向退却。

曹军伤亡过半，孙刘联军取得了赤壁之战的胜利。此后，曹操再没有机会以如此大规模的军力进行南征。

辅佐刘备忠心不二，这是他的情；在面对百万曹军毫无惧色，往东吴，这是他的勇；舌战群儒，最终达成孙刘联盟，在赤败曹军，这是他的智。情、智、勇的结合使他创立了不朽的

王项羽力能扛鼎，在巨鹿之战中破釜沉舟，击退数倍于己的秦勇；战败后感觉无颜面对江东父老，自刎于乌江，可谓是情；浅，不能认识到关西对于天下的战略意义，在可号令天下时想乡，最终丧失了夺取天下的战略时机，令人嗟叹不已。

、勇三者的结合是理想的人生。情让我们对世间万物有一种最，是追求美好事物的动力、是快乐的源泉。智则使我们可以明为这世界有太多的纷扰，而智慧可以帮助我们不被蒙骗，在人做出最佳的选择，寻找到成功的方法。勇则可以使我们在面临畏惧，敢于冲破一切障碍。一个优秀将军的最重要条件就是面而勇往直前。畏手畏脚会让我们错失很多机会。

、勇在任何时代都有其魅力和作用。一个真正的君子，必然是和勇者。

·3·

名、利、权：人生的三个陷阱

老实说，现代人根本就不知他所要的是什么。在这种地方表现许多矛盾，一面提倡朴素，又一面舍不得洋楼汽车，有时好说金钱之害，有时却被财魔缠心，做出许多尴尬的事来。

——林语堂

林语堂说：“人生的大骗子不只两个，而实有三个：即名、利、权。在美国惯用的字中，可以拿‘成功’这一名词把这三个骗子概括起来。但是有许多智者以为成功和名利的欲望实是失败、贫穷和庸俗无间的恐惧之一种讳称；而这些东西是支配着我们的生活的……一个人在名誉或权力的迷惑下，不久也会变成其他骗子的奴隶，越陷越深永无止日。”名、利、权对人有着很大的诱惑力。当一个人的欲望被释放出来时，他就成了欲望的奴隶。名、利、权也可称之为人生的三个陷阱，它们会牢牢地困住人。只有跳出名、利、权的陷阱，遵从自己内心的选择，才能过上真正有意义的生活。

名、利、权的诱惑

“世人都晓神仙好，惟有功名忘不了。古今将相在何方？荒冢一堆草没了。世人都晓神仙好，只有金银忘不了。终朝只恨聚无多，及到多时眼闭了。”这首《好了歌》道出了人一方面渴望神仙般的自由，一方面又为

束缚。这种矛盾，导致人类总是抱怨俗世的种种烦恼，渴望快
能真正放下束缚自己的东西。

载堉创作了一首《十不足》：“逐日奔忙只为饥，才得有食又
绫罗身上穿，抬头却嫌房屋低。盖了高楼并大厦，床前缺少美
若非此人大限到，上到天上还嫌低。”欲望是会将人吞噬的。
地追求名、利、权，只会让自己成为欲望的奴隶。正所谓知足
感到知足的人才能感受到生活的快乐。当然，每个人都有追求
权利，这是应该肯定的。一个食不果腹、衣不蔽体的人首先追
，这是理所当然的。但凡事都有一个限度，对名、利、权无止
人生的陷阱。一个人幸福感的来源是多方面的，除了物质层面
我们还要追求精神层面的满足。如果一个人因追求更好的物质
正义、忽视仁爱，那么他就完全被物质所俘虏了。

臣严嵩，在初入官场时也是个正直的人，敢于批评时政。但对
的追求逐渐蒙蔽了他的眼睛，他变得阿谀奉承，靠着迎合世宗
了内阁首辅。在位期间，他贪受了大量的金银财务，并且大力
异己，最终落得了被抄家的下场。他本是一个很有才华的人，
抑制住自己的欲望，最终遗臭万年。

、权是人生的陷阱，它们对人有着极大的诱惑力。名、利、权
过正确的途径。如果为了博取好的名声而一味去讨好他人，说一
的话；为了获取财富而罔顾诚信，做没有道德的事；为了登上权
不择手段，让无辜的人落难：那么自己的灵魂也就堕入了深渊。

世

一种超然的人生态度。诸葛亮说：“非淡泊无以明志，非宁静
林语堂过的就是一种悠然淡泊的生活。他主动远离政治，不

为名、利、权所累。林语堂所推崇的是陶渊明式的人生。在他看来，陶渊明是爱好人生的人，陶渊明能够“把积极的人生观念和消极的人生观念适度地配合起来”。陶渊明远离政治，远离名、利、权，但他并不是消极的避世，他充分地享受家庭生活和自然生活的乐趣。淡泊的人生态度并不是佛家所说的“四大皆空”，不是把一切世俗的乐趣都抛弃。恰恰相反，淡泊的人生态度可以使人们更多地感受到生活的乐趣，生活得更好。

“一箪食，一瓢饮，在陋巷，人不堪其忧，回也不改其乐。”颜回是淡泊的，他不追求名利、不追求更好的物质生活，即便身处陋巷，也可以自得其乐。孔子把颜回看作自己最得意的弟子，在颜回去世时痛哭，说再也没有像颜回那样好学的弟子了。颜回的淡泊是儒家思想的体现。他不追求功名利禄，即使贫困交加，也从未对自己所学产生过怀疑。这种精神是值得称颂的。

淡泊是一种中庸的人生态度。时时用淡泊来警醒自己，可以避免自己走向极端。譬如诸葛亮，在刘备逝世后，他一心辅佐后主刘禅。诸葛亮的能力远在刘禅之上，他作为蜀汉的丞相，掌控了很大的权力，但他从来都是忠心耿耿，从没想过要取代刘禅的帝位。他之所以如此，正是因为他有着淡泊的态度，不为权力所腐蚀。

又譬如春秋时期的范蠡，在辅佐越王勾践复国后选择了归隐。他意识到越王勾践只可以共患难，不可以共富贵，所以选择了急流勇退。相传他后来经商成巨富，自号陶朱公。与他共同辅佐勾践的文种，因为不能认清当时的局势，选择留在朝廷，最终为越王勾践所杀。范蠡的智慧在于他对形势有清醒的认识，他的智慧使他可以得到名、利、权，但他并不眷恋这些东西。相反，古往今来有多少位极人臣的臣子因不能放弃权力，最终为君王所忌惮，甚至落得身首异处的下场。譬如韩信，他率领大军驰骋沙场，是何等的威武！他对汉朝的建立，可谓是立下过汗马功劳。但在刘邦称帝后，他没到形势的变化，不肯放弃自己的权势，最终惨遭杀死。

人生是智慧的人生。一个淡泊的人不被名、利、权所惑，不会东西去做违背自己良心的事。他的内心是平和的、快乐的，他自然和人世的种种美好，如日出日落，云卷云舒。卸下人生的自己的内心，那么才会活得更有味道。

·4·
智慧的价值：教人笑自己

人，常有教人笑自己的度量，所以成其伟大。

——林语堂

先生说：“智慧的价值，就是教人笑自己。”“笑自己”体现世的人生态度，通过笑自己，可以使人在困境中寻找到快乐，嘲，也是一种豁达乐观的体现。一个执着于功名利禄的人不会心来笑自己，一个满腹怨念的人也不会停止抱怨来笑笑自己。慧的人才能在自嘲中找寻到自我与世界的平衡。

的哲学

先生在《生活的艺术》一书中说：“中国道家哲学虽已获得胸中的感应，已经存在了几千年，在每首诗歌和每幅山水画里来；但是大多数中国人依旧过着熙来攘往的生活，依旧相信财富、名誉、权力……所以中国并没有人人都服从玩世主义，他们只在失败后，才做玩世者和诗人……我们大家都是生就一半道家主义，一半儒家主义……半玩世者是最优越的玩世者。”

在林语堂先生看来，中国人的主流思想是儒家的入世主义，道家的玩世主义并没有成为中国人的主流思想。但另一方面，大多数中国人在一定程度上也受其影响。这使得国人可以更乐观地看待失意，在不得志时找寻到另一种乐趣。

林语堂先生引用李密庵的《半半歌》表达这种半玩世的生活态度：“看破浮生过半，半之受无用边。半中岁月尽幽闲，半里乾坤宽展。”这是一种中庸的思想。

古往今来，有许许多多爱调侃、爱嘲笑自己的文人墨客，他们用这种方式来释放自己，来找寻生活的乐趣。金圣叹先生是明末清初著名的文学评论家。他做事多率性而为，狂放不羁。他在书中曾记录了一些自己快乐的时刻：饭后无事去市集和小贩讨价还价是一种快乐；翻箱倒柜找到一些不用还的债券是一种快乐；听到城中最有心计的人死去是一种快乐；夏天撑着凉伞，听船夫唱歌是一种快乐；多日的阴雨天后看到阳光和小鸟也是一种快乐。

人们一般认为，功成名就才是人生最大的乐事，而金圣叹先生所记录的乐事却无一涉及功名利禄，处处体现了一种豁达的人生态度。他常饭后无事去观察众生百态，在他的笔下，日常生活中处处有乐事。戏谑市儿去乐，看壮夫唱歌是乐，他笑他人，也笑自己。戏弄市儿，因不用还账而乐，这在传统的读书人看来都是登不得大雅之堂的事情，可金圣叹偏把这一切记录了下来，他不刻意掩饰自己，以戏谑的口吻嘲笑自己，这是多么高的智慧呀！

的价值

一种智慧，是一种豁达的人生态度。生活是需要乐趣的。一个境中，更要自己为自己寻找乐趣。自嘲可以使人放下心中的执加自在。

先生很欣赏苏轼，他为苏轼作传，称“苏东坡是一个无可救药一个伟大的人道主义者、一个百姓的朋友、一个大文豪、大书的画家、造酒试验家、……一个诗人、一个小丑”。苏轼被贬猪多肉贱，他常吃猪肉，尝戏作《食猪肉诗》云：“慢着火，候足时他自美。每日起来打一碗，饱得自家君莫管。”他被贬欢吃岭南的荔枝，曾留下了“日啖荔枝三百颗，不辞长作岭南。在任何条件下，苏轼都是一个乐天派。他以这样的方式来调况生活。他爱吃，爱玩，下雨时还偏不躲雨，说“竹杖芒鞋轻一蓑烟雨任平生”，可谓是第一可爱的人。

先生在书中提到了济公，这个看似疯癫的老头其实是有大智慧著于得失，以潇洒的态度面对生活，给自己和周边的人都带来一直保持着一颗童心，飘逸洒脱，不受拘束。他是和尚，却大块吃肉，看似不守戒律，却是真正的佛，他乐善好施，爱行侠不平。他是一个癫狂的人，也是一个智慧的人。

的人是洒脱的人。计较的人、无趣的人是不会笑自己的。有些物而笑，不会笑自己，这种人不是真正乐观的人。他们因为外也会因为外物而悲。笑自己，则这种快乐是源自内心的，无论都可以笑自己，快乐的源泉永远都不会枯竭。笑自己是需要智放下执念，需要洒脱的人生态度。金圣叹、苏轼、陶渊明、济是洒脱的，所以他们笑得自然，活得自在。

人快乐，又或者说，善于自嘲的人都是懂得创造快乐的人。生活很艰辛，那么就找点笑料，调侃一下生活。也许你会发现，其实所有的不如意、所有的困难都不过如此，何必纠结于一时的得失，何必对他人的态度耿耿于怀，换一个角度去考虑问题，也许你会发现更多的乐趣。

·5·
福气，自内而生

人生在世，应当马马虎虎，糊糊涂涂，才会腾达，才有福气。文人每每是非辨得太明，泾渭分得太清。黛玉最大的罪过，就是过于聪明。所以红颜每多薄命，文人亦多薄命。文人遇有不合，则远引高蹈，拂袂而去，不能同流合污下去，这是聪明所致。

——林语堂

福气是自内而生的。福气是伴随人的一生的，并不是一时的成功或财富。一个人的福气是靠自己积累的，而不是靠机遇或外在的事物。一个有福气的人必然是一个智慧的人、一个豁达的人、一个平和的人。一个有福气的人这一生也可能会遭遇灾祸，但他能够用他自身的力量去化解这一切，为自己找到真正的幸福。

何为福气

林语堂先生的《京华烟云》中有这样一段话："福气不是自外而来的，而是自内而生的，一个人若享真正的福气，或是人世间各式各样的福

享福的德性，才能持盈保泰。在有福的人面前，一缸清水会变
子；在不该享福的人面前，一缸银子也会变成一缸清水。”这
的父亲对姚木兰说的，这话也影响了姚木兰的一生。

的一生受了很多苦。她遭受战乱，年幼时与亲属失散；她为了
了所爱的立夫，嫁给了荪亚；她在战乱期间失去了自己心爱的
兰始终是坚强的，努力支撑起整个家庭，在日本侵华之时投身
中。她是一个清丽大方、外柔内刚、有勇有谋、深明大义的女
先生评价说：“若为女儿身，必做木兰也！”

一个真正的大家闺秀，是一个真正有福气的人。她的福气是自
她的坚强、她的勇敢、她的智慧、她的明理使她拥有福气，她
换来家族的安宁，换来生活的幸福。

福气？福气并不是天上掉馅饼，不是突然发了一笔横财，或是突然登
是贯穿人的一生的，是物质满足和精神满足二者的结合。福气并不
生可以没有苦难，姚木兰的一生经历了很多苦难，但她是一个有福
用她精神的力量战胜了苦难，最终获得幸福。

对人一生的评价。一个少年时家境优越的人不能说是有福气
也有可能家道中落；一个中年时名利双收的人也不能说他是有
为他也有可能会身败名裂。那么是否要等到一个人死后才可以
气的人呢？也并非如此。一个内心真正有力量的人是有福气
样的人没有任何事物能把他打倒。

源泉

源于人的心。具体来说，一个人要有福气，需要修炼自己的内
强、勇敢、善良、豁达、智慧等等融于自己的心中。

革”中，一位老音乐家被下放到农村为牲口铡了整整7年的

草，等他平反回来，人们惊奇地发现他没有憔悴衰老。他笑道："怎么会老呢？每天铡草我都是按4/4拍铡的。"这位老先生是有福气的人，因为他在苦难面前保持了平和。

居里夫人出生于波兰华沙，自幼热爱学习，后前往巴黎求学，获得巴黎大学的物理学和数学学位。她与皮埃尔·居里结为夫妻，二人共同投身于科学实验中。她发现了放射性元素钋，之后又发现了元素镭，为科学做出了巨大的贡献，两次获得诺贝尔奖。居里夫妇发现镭的过程是艰辛的。他们的实验室就是一个简陋的棚屋。这个棚屋，夏天燥热得像一个烤炉，冬天却冻得可以结冰，不通风的环境还迫使他们把许多炼制操作放在院子里露天进行。居里夫妇在这一环境中奋斗了4年。4年中，不论是寒冬还是酷暑，不论是繁重的劳动还是毒烟的熏烤，他们从不叫苦。百折不挠的毅力使他们终于提炼出纯净的氯化镭，并测得镭的原子量为226。这里面凝聚了居里夫妇多少辛勤劳动的心血！

每当居里夫人回忆起这段生活，都认为这是他们"夫妇一生中最有意义的年代"。在居里夫人获得诸多荣誉后，她依然保持着一颗平和的心。她说："我以为人们在每一时期都可以过有趣而有用的生活。我们应该不虚度一生，应该能够说：'我们已经做了我能做的事'，人们只能要求我们如此，而且只有这样我们才能有一点快乐。"在她看来，从事科学研究是件快乐的事，是她毕生的理想。她把她的一生投身于这项事业中，不辞劳苦，不求名利。居里夫人是个有福气的人，她的福气源于她对事业的热爱，对理想不懈的追求和对名利的淡泊。

然而，在生活中，总有很多人认为福气是外在于人的，他们把"天上掉下馅饼"当作福气，他们想着要升官发财，想着要名利双收，却从不去提升自己。每日庸庸碌碌地活着，不愿做费力气的事，还抱怨为何上天不眷顾自己。这样的人，实在是没有真正理解什么是福气呀！清末的八旗子朝廷养着，整天养花遛鸟、吃喝玩乐，在清朝灭亡之后，他们自己没有一技之长，什么都干不了。这才是最可悲的。

内在于人的。中国有句古话“塞翁失马，焉知非福”，福与祸转化的。而一个有福气的人在逆境中也可以活得潇洒，可以化

有福气的人，要有自己的理想和追求，知道自己想做什么、不而不是被别人推着走；要经得起风雨，不要被逆境压倒，在苦一颗平和的心，少些抱怨，少些计较；要懂得去爱别人、帮助是总想着从别人那里得到些什么。一个有福气的人该是一个大

自内而生的。一时的运气可能是偶然，而一生的福气则是靠自

·6·
爱人如爱己

E想做一个斧子的把柄，他只要看看自己手中那把斧子的把柄无须另求标准。人就是人的标准。所谓推己及人也。

——林语堂

对联曰：“大肚能容，容天下难容之事；开口便笑，笑天下’先哲言：“你容得下他，你比他大；你容不下他，你比他

小。”林语堂先生在翻译奥里森·马登的《靠自己成功》时，侵也间接传达了自己的观点：人要有一颗善心，不是处处为自己的利益着想，精打细算算尽功名得失，而是要懂得兼爱，也就是儒家说的仁者爱人，要有把别人的得失荣辱考虑在内的胸怀和气魄。

赠人玫瑰，手有余香

有这样的一个故事：从前有个国王，他有一个非常喜爱的儿子。对于这位年轻王子的要求，老国王完全是有求必应。父王的钟爱与权力，可以使王子得到一切他所想的东西，然而他仍然常常眉头紧锁、面容戚戚。

有一天，一个大魔术家走进王宫，对国王说，他有方法使王子快乐，而把王子的戚容变作笑容。国王很高兴地对他说：“假使能办到这件事，则你要求任何赏赐都可以答应。”魔术家将王子领入一间私室中，用了白色的东西，在一张纸上涂了些笔画。他把那张纸交给王子，叮嘱他走入一间暗室，然后燃起蜡烛，注视着纸上呈现些什么。说完，魔术家就走了。这位年轻的王子遵命而行。在烛光的映照下，他看见这些白色的字迹化作美丽的绿色，而后变成这样的几个字：“每天给予人以一件善事！”王子遵照了魔术家的劝告去做。不久，他就成为这个国家里最快乐的少年，不再整天皱着眉头心有忧戚了。

这个故事很简单，却传达出了十分朴素的道理。一个人的生命，如果一直被困在自我的境地中而不懂得去帮助别人，那么生命的光芒永远是孤独的。我们必要有所“给予”，才能有所取得，我们的生命才能生长，正所谓“赠人玫瑰，手有余香”，其实何尝只有手上会留香，这种爱的香气也会在人的心中停留。

一位哲学家曾有一次问他的许多学生：“人生在世，最需要的是哪一件事？”答案有许多，但最后有一个学生说：“一颗善心！”“正是”，，“你在这善心两字中，包括尽了别人所说的一切话。因为，对于自己，则能自安自足，能去做一切与己适宜的事；对一个良好的伴侣、可亲的朋友。”

人如己是宝贵的财富

的心，一种爱人的性情，一种坦然、诚恳、忠厚、宽恕的精一笔巨大的财产。怀着那种好心情、好精神的人，虽则没有舍给人，但是他能比那些慷慨解囊的巨富行更多的善事。假大彻大悟，尽心努力去为他人服务，他的生命一定能实现最有助于人的生活的，要算是莫过于从早年起就养成善心善意这一件大善事了。

川大地震发生之后，全中国都被灾区人民的悲喜哀乐牵动钱捐物，或参加献血，或直奔灾区现场当志愿者。甚至有记衣衫褴褛的乞丐把自己包里仅有的几个硬币投进捐款箱中，前采访的时候却又转身离去。在向别人伸出援手的时候，每英雄，都是分享爱、传递爱的人，他们所传递的正是伟大的

端的例子，在舜获得尧的赏识和赏赐之后，舜的父亲瞽叟和弟象对舜十分妒忌，两次想要加害于他，但是舜就好像不知事情一样。有一次他的父亲让他爬上屋顶，然后撤走梯子，他们以为舜一定会死于大火。象非常兴奋地说两个嫂子还归他所有，结果到了舜的房间，发现舜正在床上鼓琴，象的但是舜见到他却十分高兴。孟子解释说，舜不是伪装的高于真心爱他的弟弟，不知道弟弟要加害于他，因此看到弟弟感到十分快乐，这是圣人的仁义之心。因此说，爱是一种宽

宏的力量，它能包容罪过和过错，能够春风化雨。瞽叟后来在舜的感染之下也不再冥顽不化而是变得通情达理了。

可见，爱比恨要更为容易，无论对人对己，爱都是一种强大的、温暖的力量，它是一种再生的和铸造的力量，而不是毁灭的力量。世界上到处为那无私的，肯爱人、助人的人建立纪念碑。这种纪念碑不一定用大理石或铜来做成，而是建立在人们的心中！在进行“善意与善事”上，人人可以做到。宁可在职业上失败，在财产上失败，我们却不可在这一点上失败，我们要懂得爱人如爱己，在自己的小小利益之外开拓出一个生命的大境界和大情怀！

·7·
简朴，回归生命的本真

人类知道了生活的幸福与快乐，同时却警戒着它的朝生暮死的性质：危惧于为造物所嫉妒，故宁愿生活较为纯朴而享较长久的天年。

——林语堂

林语堂先生在《中国人的生活智慧》一书中曾经谈到中国人的生活乐趣和生活节奏的问题。机械的文明使得人们很快地趋近于空闲的时代，物质环境渐渐改善了，人就不会活得像现在一样匆忙。但是正如城市景观当中高楼林立为我们呈现的那样，人的生活实际上是越来越匆忙的，尤其是人的心灵和精神世界，被围困在水泥森林之中而成为物质的奴隶。只有回

方式，摆脱物质的压迫，人才能真正从中喘过一口气来，活
精彩，回归生活的本真。

，简朴为上

生自己就是一个以简朴为上的人，他说：“山影响了我对
……我是农家的儿子，以此自诩。在山里长大，使我心思和
令我建树一种立身处世的超然观念，而不流为政治的、文艺
其他种种式式的骗子。童年时与自然接近，足为我一生在智
后盾，使我鄙视社会中的伪善和人情的势利。”林语堂先生
的真至上的人生观就来自于大山的养育。他少年时代过得十
名之后并没有因为大富大贵而全然改变自己的生活状态，而
以简朴的态度来面对生活，这种人生态度是值得很多人学习
戚于贫贱，汲汲于富贵，一旦有一天大富大贵了就会开始轻
炫富，以奢侈浪费的虚荣为自己最高的追求，这种物质至上
度是不应该被推崇的。

，石崇和王恺比阔斗富，两人都用尽最鲜艳华丽的东西来装
。晋武帝是王恺的外甥，常常帮助王恺。他曾经把一棵二尺
给王恺，这块珊瑚“枝条”繁茂，世上很少有和它相当的。
来给石崇看，石崇看后，拿铁如意敲它，马上就打碎了。王
认为石崇是妒忌自己的宝物，说话时声音和脸色都非常严
“不值得发怒，现在就赔给你。”于是就叫手下的人把家里
了出来，三尺、四尺高的，“树干”、“枝条”举世无双，
六七棵，像王恺那样的就更多了。王恺看了，自感失落。
等书载，石崇的厕所修建得华美绝伦，准备了各种的香水、
手和抹脸，经常得有十多个女仆恭立侍候，一律穿着锦绣，

打扮得艳丽夺目，列队侍候客人上厕所。客人上过了厕所，这些婢女要客人把身上原来穿的衣服脱下，侍候他们换上了新衣才让他们出去。凡上过厕所，衣服就不能再穿了，以致客人大多不好意思如厕。可是后来当他被免职，赵王伦派人来杀他的时候，他才知道自己因太过于高调而结下了不少仇家，大难临头竟没有谁来帮助自己，更多的是幸灾乐祸落井下石之人。清代的和珅也是如此，因受到乾隆的宠爱而大肆侵吞公款，广置家产，家中的宝物甚至比皇帝的国库还要多，但最终还是难逃被抄家的命运。

简朴的生活方式是生活态度的直接表现。一个甘于简朴生活的人不是对生活没有追求，而是他对于生活的追求不在于钱财等身外之物，而在于精神层面的提升。只有当一个人真正抛开物质层面的东西去关注精神追求的时候，其人生才能达到一个新的境界。

赤子之心，本真生活

所谓赤子之心，指的是一个人的心地就像刚出生的婴儿一样纯洁无瑕，或者就像下过雪之后的大地，白茫茫一片清洁平静。追求简朴本真的生活的人一定有着非常简单而美好的心灵，因为他们的心里装不下争名夺利这样污秽的东西，也正因此，他们才能够拓宽心灵的宽度，在精神层面上超越凡夫俗子。

宋初的著名隐士林逋就是一个追求本真生活的人。他的诗作不多，但是所作皆为精品且十分耐人寻味。他一生未娶妻生子，他说自己是以梅为妻以鹤为子的，每年结梅子的时候他让自己的僮仆把梅子拿下山换酒喝，他的生活过得十分清贫，但是他以此为乐，因为他不需要对人间的烦琐之事有所挂怀。无丝竹之乱耳，无案牍之劳形，这是人生最为难得的本真的境界。

六祖慧能曾云：菩提本无树，明镜亦非台，本来无一物，何处惹尘来是干干净净没有污垢的，但是人偏要陷进名利的漩涡之中走狗，这样的人丧失了自己的真我，只能拖着一副沉重的躯这样的人哪里能真正寻找到人生的幸福所在呢？唯有放下对念，安守简朴的生活，不在物质层面有过多的追求，这样才定下来，从容地行走于尘世之中而获得另外一片真天地。

·8·
多为生活做做减法

么好坏，只有“在那一季里什么东西是好的”的问题。如果生物学的人生观念，循着季节去生活，那么除自大的呆子和想主义者之外，没有人会否认人生确是像一首诗那样地生活

——林语堂

生在《论悠闲生活之崇拜》一文中提到，传统中国的生活观悠闲生活的，忙碌生活是美国人的生活观念。如果我们用林来反观自身，就会发现改革开放之后忙碌生活的观念逐渐成观的主流，中国人应该在时代的洪流中反思自己，为生活做到的越多，人肩膀上的负担就越重。现代人应该思考怎样断弃不必要的累赘，还自己一个轻松的心态和从容的人生。

理性思考，重树健康生活观念

现代人之所以会在生活中迷失自己，很大的原因是被生活消极地推动，而没有主动地去思考生活，在物质的丛林当中迷失了自己。曾经有一则新闻报道，安徽有一个小县城原先风平浪静，居民们的收入水平不算高，物质生活不甚丰富，但也其乐融融。但是后来有开发商发现了这个地方的风景，便投资将其开放成风景区。从此这个地方游客往来不绝，居民们的宁静生活从此被打破。他们发现乡土的东西很受游客欢迎，比如手编的竹篓子等等。于是居民们打起了小算盘，开始摆摊卖东西。但是做生意的人一多，为了争夺好的位置，居民们开始大打出手，最极端的是一对母女因为生意上的争执甚至断绝了往来。在这样以利益为最高追求的状态之下，人就像一头紧紧被拴住的驴子，围绕着磨盘转，这样的生活观念是不健康的、病态的。

做好人生的减法不是保守退让，不是消极避世，也不意味着失去，而是一种大境界。著名作家贾平凹说得好："取得成功的人，其实懂得了两个字：舍得。不舍不得，小舍小得，大舍大得。"我们的生活越来越繁华和富有，却有很多人感到心灵越来越孤独。这个世界太喧嚣，生活是需要丰富和平衡来沉淀的。很多人为利所扰，为舍不得而忙；为情所困，为舍不得而痛。在得失之间，无须不停地徘徊，更不必苦苦挣扎。应该用一颗平常心坦然面对生活，守住人生的信念，丢开一切束缚我们心灵和思维的桎梏，成为自己生命的主人，让人生更豁达。只有舍得，便可自我解脱；只有舍得，才能有新的抉择。

重拾传统信仰，点燃生活之爱

林语堂先生十分仰慕古人简朴的信仰。中国的浪漫主张者都具有高度的敏感性和爱好漂泊的天性。虽然物质生活很穷苦，但情感却很丰富。他主，所以宁愿辞官弃禄，不愿心为形役。在中国，消闲生活并势者和成功者独享的权利，而是一种宽怀心理的产物。林语堂种达观的意识，指出主导消闲生活的心情是和这种意识自然地说陶渊明、苏东坡、白居易、袁中郎都是此类的大文豪，当生本人也是以笑看云卷云舒的宽怀心理来面对生活的。

李叔同的人生境界和林语堂先生所说的闲散生活不谋而合，贵之家，少年时候风流倜傥，但是因为遭遇国难家愁，逐渐趣。据丰子恺回忆，李先生经常把自己不用的东西分赠给弟将远行一般。有一天，李叔同由校工闻玉陪同，到大慈山辟天。他还将断食的感受详细记录于《断食日志》。后来在剃宗之后，弘一法师为弘扬律宗，曾立下四誓：一为放下万，宁堕地狱 ，不作寺院主持；二为戒除一切虚文缛节，在方式下，令法音宣流，不开大法，不作法师；三为拒绝一切古求，度行云流水生涯，粗茶淡饭，一衣一衲，鞠躬尽瘁，为僧界现状，誓志创立风范，令人恭敬三宝，老实念佛，精为师。经过二十多年精诚庄严的自律苦修和与青灯古佛相伴弘一法师使传统断绝数百年的律宗得以复兴，佛门称弘一为宗第十一代祖师”。

城市的车水马龙、行人的步履匆匆，现代社会急功近利，忙碌，在物质的旋涡中苦苦挣扎。有的人似乎什么都想要，加，却不知一加再加的结果是丢掉幸福。他们不知道，自己求的是无法企及的痴心妄想，那是一种对生活的欲望，永远欲望，其结果是让自己变得身心俱疲，憔悴不堪。

过：“当鸟翼系上黄金时，它就飞不远了。”如果一个人只私欲、贪念过多，会拖住前行的脚步，压住了腾飞的翅膀。

人的生命有限，我们的双肩也载不动那么多的欲望。所以，很多时候，我们要学会放弃，适当地为自己卸卸载，将自己的脚步放慢一点，多一些时间看花开花谢，多一些时间观日升日落。只有这样，才能让自己更从容淡定，让生命更富有激情活力。只有这样，人生之舟才能快捷、安全地抵达幸福的彼岸，才能饱览生活的美景，啜饮人生的醇香。

NO.6

天下有一知己，可以不恨

——林语堂谈交友的艺术

我们生活在这尘世间，如果可以交到一个真正的朋友，那会是一件多么幸福的事。与朋友相处，最重要的是“真”字。交友需要真心，我们要真诚地帮助朋友、鼓励朋友、支持朋友。

我们希望朋友怎样对待我们，我们就要怎样对待朋友。交友不可有功利心，我们选择朋友，要看他与自己的性情是否相投，他的品行是否可信，而不要根据外貌、权势、财富决定。朋友间相处，应该是自然而然的，彼此之间因投缘而结合在一起，刻意和造作并不是交友之道。

·1·
君子之交，淡淡如茶

我最喜欢的是同着两三知己朋友到这种小馆里去小饮，而极不愿意赶要人或富翁的盛宴。我们在小馆子里边又吃又喝，随便谈天，互相嘲谑，甚至杯翻酒泼；这种快乐是盛宴上的座客所享受不到的，也是梦想不到的。

——林语堂

林语堂先生在《茶与交友》中说：“茶的味道，需要和朋友共享。如同赏玩一样东西时，最紧要的是心境。我们对每一种物事，各有一种不同的心境。不适当的同伴，常会毁坏心境。所以生活艺术家的出发点就是：他如果想要享受人生，则第一个必要条件即是和性情相投的人交朋友，须尽力维持这友谊。”

君子因性情相投而相交，彼此之间的交往是没有功利性的。品茶是件优雅而快乐的事，品茶最好与好友相伴。这样的朋友可坐在一块饮茶论道，彼此之间没有算计、没有猜忌，友谊如茶一般淡，又如茶一般真，如茶一般回味无穷。

朋友需性情相投

朋友需性情相投，人生观和价值观相差太大的人很难成为朋友。你喜欢的东西他不懂，你厌弃的东西他偏喜欢，这样还怎么成为朋友呢？朋友的最高层次是“知己”，知己很难求，如果遇到需要[illegible]此之间称得上朋友，总要人生观和价值观相近，有可以聊[illegible]一些方面可能存在差异，但彼此之间可以理解。

春秋时期，楚国有一位著名的音乐家叫俞伯牙。他的音乐造诣极高，但却很少有人能听懂他的音乐。一天，他在汉江弹起表现高山流水的曲子，遇到了钟子期。俞伯牙弹琴的时候，心里想到高山，钟子期听了赞叹道：“好啊！这琴声就像巍峨的泰山屹立在我的眼前！”俞伯牙心里想到流水，钟子期说：“弹得真好啊，这琴声宛如奔腾不息的江河在我耳边流淌！” 俞伯牙心里想到什么，钟子期都能准确地说出他心里想的。钟子期去世后，俞伯牙觉得世界上再也没有比钟子期更了解自己的知音了。于是，他把自己最心爱的琴弦挑断，把琴摔碎，发誓终生不再弹琴。

钟子期是俞伯牙的知音，他可以完全领悟到俞伯牙的琴声，而俞伯牙在钟子期去世后不再弹琴是因为他觉得再也没有懂自己琴声的人了，再也不会有人和他如此性情相投。

朋友需性情相投。一个可以在一起品茶的朋友需志趣、品味相投。品茶是件安静的事，这与喝酒、逛街是不一样的。一起喝酒、逛街的人即使不太熟，也不会觉得很闷，因为喝酒、逛街本来就是一件闲事。品茶时彼此相对，静静地泡茶，静静地品茶，不能大声喧闹，也没有更多节目，也许捧上一本书细读，也许一起聊聊天，若非性情相投，是会觉得尴尬的。君子之交，如茶般淡雅，即使彼此安静地坐着，也不会觉得无趣。

非功利性的交往

庄子曰：“君子之交淡若水，小人之交甘若醴；君子淡以亲，小人甘以绝。”这和林语堂先生所说的君子之交如茶是相通的，君子之交是淡淡的、自然的、无功利性的。

君子之交如茶般淡，可以在一起品茶聊天，但并不是非要朝夕相对。君子彼此性情相投则交，不是非要想方设法拉近彼此的关系。有一些人和朋友交往，几天没有和朋友说话就想着朋友是不是疏远自己了，看到朋友有了另外的朋友会不高兴，想方设法控制朋友的生活，这样的友情是很累人的。朋友的交往应是自然的，友情是开放的，并不是像爱情一样追求专一。真正的友情，也无须刻意，真正的朋友，即使很久不见面也不会觉得疏远。网上有“真正的友情是什么样的”这样一个问题，有网友回答说是“三秋不见，如隔一日”，就是即使很久不见面，见面之后感觉像是昨天才相见一样，彼此不会因为时空的距离而疏远。那些在同一个地方就黏到不行，分开之后就觉得疏远的朋友并不是真正的朋友。

朋友间的交往应是无功利的，不要想着朋友可以给自己带来多大的好处。可以带来好处的不叫朋友，叫“人脉”。君子不应想着朋友可以给自己什么利益，但如果朋友遇到困难时一定要挺身而出，帮助朋友，这与小人是不同的。小人对可以给自己带来好处的人很亲密，一旦发现某人没有用处时就形同陌路，甚至可成为仇敌。

张耳、陈馀两人，原本同为魏国大梁人，二人生活在乱世，因为共同抗击秦军而结为朋友。后来两人又一同成为赵王歇的重臣——张耳为丞相、陈馀为将军。因为有着共同的利益，二人很是亲密。在与秦军的战斗中，邯郸被秦军攻破，张耳与赵王歇走入巨鹿，张耳请求陈馀的支援。陈馀担心自己兵力不足会被秦军所灭，为了自己的利益选择了按兵不动。难以支撑的张耳派人指责陈馀，陈馀给了他们五千士卒做先锋，这五千人很快就被秦军全歼，后面陈馀也就没敢再动了。后来，项羽攻破秦军，巨鹿之围解开，而张耳、陈馀二人也成为仇敌。张耳投靠了刘邦，在刘邦请赵国出兵一起攻打项羽时，陈馀提出条件：“汉杀张耳乃从。”刘邦只得找了个像张耳的人杀了，将人头送去。后来刘邦军败于彭城，陈馀察觉到张耳并未被杀，就背叛了刘邦。几年后，刘邦派韩信和张耳出兵取赵。陈馀率兵迎战，大军一天之内被韩信打败，陈馀也被杀死在泜水边，刘邦封张耳为赵王。

张耳、陈馀二人原本是很要好的朋友，最后却成为仇敌，就是因为他们是以利相交：当利益一致时他们是朋友，而利益不一致时就成为敌人。

君子之交应淡淡如茶。朋友因性情相投而交，二人在一起可以有共同的话题，彼此之间坦诚相待，不互相猜忌、不涉及功利、不计较付出的多或少。朋友之间相处自然，不会因距离而疏远，也不会刻意去亲近。君子之交如茶，有着淡淡的醇香，虽然不浓烈，但彼此却能长久相伴。

·2·

人生如戏，多几个“舞台”后的朋友

我们只有在知己朋友相遇，肯互相倾吐肺腑时，方能真正地谈天。

——林语堂

人这一生，需要有后台的朋友。在前台，我们需要费尽心思地“演出”，以求获得功成名就。在后台的这些朋友面前，我们可以卸下所有的伪装，做真实的自己。前台的喝彩是因为自己的成就，而后台朋友对自己的支持则是无条件的。后台的朋友会在我们失意时鼓励我们，落难时帮助我们。友情是相互的，我们需要后台的朋友，我们也要做朋友的后台。

后台的朋友

后台的朋友是无条件支持我们的朋友。林语堂先生说："在他面前，不必化妆，不必穿戏服，不必做事情，不必端架子，可以说真话，可以说泄气话，可以说没出息的话，可以让他知道你很脆弱、很懦弱、很害怕，每次要走入前台时都很紧张、很厌恶。因为你确知后台朋友只会安慰你，不会耻笑你，不会奚落你。"

春秋时期，齐国的管仲和鲍叔牙是一对很好的朋友。他们年轻的时候在一起做生意，本钱基本都是鲍叔牙出的，但管仲拿的利润却比鲍叔牙多。鲍叔牙的仆人为鲍叔牙抱不平，认为管仲的行为不当。鲍叔牙却只是笑笑，说："管仲家里穷，他拿多点是应该的。"后来他们一起参军，管仲每次进攻都躲在后面，每次战败时都跑得最快，军队的士兵都认为管仲贪生怕死，鲍叔牙为管仲辩解说："他并不是贪生怕死。他家里有老母亲要奉养，他是要留自己的性命去奉养老母亲啊！"

后来鲍叔牙辅佐公子小白，管仲辅佐了公子纠。当时齐国的国君昏庸无道，公子小白和公子纠都逃去了其他国家。在国君去世后，他们都赶回齐国争夺国君的位子。管仲怕公子小白抢先一步回到齐国登上王位，就在小白回国的必经之路伏击，射了小白一箭。小白倒在了车上，管仲以为小白已经死了，就慢悠悠地和公子纠回国。但实际上小白并没有死，他抢先一步回到齐国，做了齐国的国君，这就是齐桓公。齐桓公要封鲍叔牙为相，鲍叔牙认为管仲的能力在自己之上，向齐桓公举荐管仲。齐桓公想起管仲伏击自己的事，非常生气，没有同意。鲍叔牙说："那时他忠于的是公子纠，现在您是国君，如果您重用他，他一定会忠于您的。"齐桓公听从了鲍叔牙的话，任命管仲为宰相。在管仲的辅佐下，齐桓公成为天下的霸主。对于鲍叔牙的相助，管仲感慨地说："生我的是父母，真正了解我的是鲍叔牙呀！"

鲍叔牙是管仲的朋友，别人认为管仲贪财、认为管仲贪生怕死，而鲍叔牙尽管也看到管仲的缺点，却知道“抓大放小”，从不嫌弃和厌恶管仲，他始终站在管仲的立场上考虑问题。在鲍叔牙有机会当上齐国的宰相时，他选择举荐了管仲，设想如果没有鲍叔牙的举荐，管仲很难取得这么大的成就。

后台的朋友是坚强的后盾。遇到困难时我们可以在这里获得鼓励，落难时我们可以在这里获得援手，旁人都嘲我讽我时，可以在这里获得支持和安慰。

做朋友的后台

友情是相互的，我们需要后台的朋友，我们也要做朋友的后台，始终支持朋友。

马克思和恩格斯之间有着深厚的友谊。他们一起研究学问，一起揭露资本主义的罪恶，一起领导工人运动，一起为共产主义事业而奋斗。马克思因为工人运动而受到政府的迫害，长期流落在外，生活过得极其艰难。恩格斯一直在经济上和精神上支持马克思。恩格斯的父亲是个商人，但恩格斯本人并不喜欢从商，为此他还和父亲有过多次争吵。但在马克思的经济陷入困境时，恩格斯选择回到家乡继承他父亲的事业，为马克思提供经济来源。马克思和恩格斯在分别的时间里一直保持着密切的通信，在他们的信中，多次表达了对彼此的关怀和思念。马克思答应给一家英文报纸写通讯稿时，还不精通英文，恩格斯就帮他翻译，必要时甚至代他写。恩格斯从事著述的时候，马克思也往往放下自己的工作，编写其中的某些部分。在马克思逝世后，恩格斯放下自己手上的工作，用了很长时间为马克思整理手稿。马克思的成就离不开恩格斯对他的支持和帮助。

恩格斯对朋友的支持是高尚的，我们也要如此。在朋友的人生中，我们要支持朋友的事业，在朋友取得成就时为朋友高兴，在朋友疲倦时给朋友动力，在朋友失意时给朋友拥抱。我们和朋友都有自己人生的舞台，我们是各自人生舞台上的主角。我们退场后可以找后台的朋友释放自我，从后台的朋友处找到动力，我们也应站在朋友的舞台后，在朋友退场时给朋友拥抱和支持。

·3·
锦上添花，莫若雪中送炭

真正的朋友不一定为你甘洒热血，却一定会在你深陷困境时伸出援助之手。朋友可能不是那个锦上添花的人，却会在雪中送炭。我与胡适的友谊就是这样的。

——林语堂

朋友间的交往，难的不是锦上添花，而是雪中送炭。中国有句古话：患难见真情。一个人富贵时，往往有很多人讨好；而当一个人落难时，能伸出援手的人却寥寥无几。我们要以一颗真诚的心对待朋友，要忧朋友之忧，在朋友遇到困难时，及时伸出援助之手。“雪中送炭”是一种美德。为朋友“雪中送炭”，自己也会收获真情和快乐。

朋友的真情

林语堂在《八十自叙》中提到了他和胡适的故事。林语堂去美国留学时，经济上颇有些困难，于是向胡适求助，想让胡做担保向别人借1000美元。不久胡适给林语堂寄来了1000美元，并对林语堂解释说这是北京大学预支给他的工资。之后，林语堂去德国读博士，经济上又遇到了困难，再次向胡适求助，希望他再代自己向北京大学借1000美元，胡适很快就把钱寄来了。林语堂回国后向北京大学还债时才发现，其实北京大学根本没有这笔支出，这2000美元是胡适自己借给他的。胡适的“雪中送炭”让林语堂十分感动，此后二人也结下了深厚的友谊。

一个青年人整天在自己的父亲面前炫耀自己有那么多的好朋友，炫耀自己的朋友是多么讲义气，整天跟着自己所谓的这些好朋友一起出去喝酒玩乐。父亲告诉他，自己这一生只交到了一个半朋友，儿子疑惑地问他为什么会是一个半朋友呢？他在儿子耳边如此耳语了一番，儿子照着父亲的话，先来到了父亲的“半个朋友”那里，父亲的“半个朋友”见到他的到来，十分高兴，马上礼待他，并问起他父亲的情况。儿子假装十分痛苦地对他说：“因为父亲犯了罪，现已被处决，而我被认为是父亲的共犯，衙役正在四处找我，我是来这里逃命的，望叔叔收容。”父亲的“半个朋友”听完后，对他说道：“孩子呀，我这里也不是久留之地，你赶快逃往远方吧，叔叔会给你足够的银子，也绝不会出卖你，你快走吧。”说完，便叫人打点好一切，送他走了。出来之后，儿子明白了父亲的“半个朋友”是什么意思：当你在遇到困难时，懂得明哲保身，却又不会出卖你的人就是“半个朋友”。儿子又来到了父亲的“一个朋友”那里，并也如此这般地说了一番。这位朋友听完后，马上叫来自己的儿子，并叫他的儿子把身上的衣服脱下来叫他穿上，并让自己的儿子穿上他的衣服，出去引开官兵，并且对他说道：“孩子你就在这里安心地住下吧，我会把一切事情处理好的。”儿子看到这一切之后，明白了真正的朋友就是当你在遇到生命的危险时可以为你舍弃自己生命，肝胆相照的人。

什么是真情？真情是不离不弃。朋友会在自己成功时为自己鼓掌，也会在自己陷入困境时伸出援手。成功也好，失败也罢，安全也好，危险也罢，朋友都会站在我们的身边。

侠肝义胆

能在自己困难时“雪中送炭”的朋友是真正的朋友。在小说演义中，有许多英雄好汉侠肝义胆，与朋友肝胆相照的故事。隋朝末年，在济南府当差的山东豪杰秦叔宝受命来潞州办事，不幸染病于店中，所带盘费都花光了。店小二起初看秦叔宝衣着光鲜，百般讨好，后来他发现秦叔宝付不起住店的钱，就百般欺辱秦叔宝，让他搬到最烂的房中去住，还扣下了他的公文。没有了公文，秦叔宝就没有办法回到济南府交差。无奈之中，秦叔宝牵着他心爱的黄膘马到西门外的二贤庄去卖。二贤庄庄主单雄信起初并不知道这位穷困潦倒的公子就是山东的秦叔宝，但他依然挺身而出，不仅出重金买了秦叔宝的马，还赠予秦叔宝盘缠。后来在另一位豪杰的介绍下，两位英雄终得相识，单雄信盛情款待秦叔宝，让他在二贤庄精心养病8个月，从此二人成为莫逆之交。随后二人在推翻隋王朝的“瓦岗寨起义”中同仇敌忾，为起义军创造了不可磨灭的业绩。尽管单、秦二人后来分道扬镳，但患难中结下的兄弟情谊始终如故。单雄信为人好义，人称“义薄云天小关羽”，在秦叔宝陷入困境时，他全心相助，不求回报，体现了豪杰的仗义。

世上很多人都是“锦上添花”，难得的是“雪中送炭”。成功向来令人瞩目，我们为成功的朋友送上鲜花，却忽略了躲在角落里的朋友，但他们更需要我们的关怀。多关心朋友，了解朋友的处境，在他们落难时及时伸出援助之手，那么我们收获的会是更真诚的情谊。

·4·

鲁迅之谊："相得"与"疏离"

鲁迅诚老而愈辣，而吾则向慕儒之明性达理;鲁迅党见愈深，吾愈不知党见为何物，宜其刺刺不相入也。然吾私心终以长辈事之，至于小人之捕风捉影挑拨离间，早已置之度外矣。

——林语堂

林语堂说："鲁迅与我相得者二次，疏离者二次，其即其离，皆出自然，非吾与鲁迅有轻轩于其间也。吾始终敬鲁迅；鲁迅顾我，我喜其相知，鲁迅弃我，我亦无悔。大凡以所见相左相同，而为离合之迹，绝无私人意气存焉。"相得是因为有共同的目标，相疏是因为二人意见不和，越走越远：林语堂写的多是幽默的小品文，鲁迅则是一个把笔作为武器的战士，他的文字是犀利的。然而，无论相得还是相疏，二人都尊重对方。

所见相同而和，相左而疏

林语堂初到北京大学时，当时北大的教授已经形成两派，一派是周氏兄弟为首，另一派以胡适为代表。尽管林语堂与胡适有极为相近的思想和个人情谊，但他却站在了鲁迅的旗下。1924年11月，《语丝》创刊，鲁迅和周作人做了语丝派的首领。鲁迅时常向林语堂邀稿，这是二人相得的开始。后来林语堂到厦门大学任教时，还邀鲁迅前去。当时鲁迅在厦门大学受到排挤，日子过得很艰难，甚至到了"开罐头在火酒炉上以火腿煮水度日”的地步，但鲁迅没有丝毫怨言。林语堂与鲁迅的第一次相疏，是在他们都避居上海以写作为生的时候。同以文字生活，鲁迅直面惨淡的人生，把文学当作“匕首”和“投枪”，刺向敌人。林语堂则是借助幽默，表现性灵闲适，曲折地表示自己的不满。然而鲁迅却不这么看，鲁迅认为在反动派屠刀下，没有幽默可言。在血与火的斗争中，鲁迅自己无畏地宣称：“只要我活着，就要拿起笔，去回敬他们的手枪。”这是一次深刻的思想分化。二人渐渐有了罅隙。后来在民盟的战斗中，二人又重新站在了一起，为人道公义而奔走，这是鲁迅与林语堂的第二次相得。然而，因为观念不同，二人后来再次出现了分歧。林语堂创立《人间世》，写的多是一些幽默的小品文，这受到了左盟的猛烈攻击，盟主鲁迅骂得最凶，攻击林语堂文学上的趣味主义和自由主义，说幽默文学是“麻醉文学”。林语堂最终与鲁迅分道扬镳。无论是创办《语丝》还是为民盟奔走，林语堂与鲁迅的目标是一致的，这是他们相得的原因。相疏则是因为他们个人志趣不同，走上了不同的写作道路。所见相同而和，相左而疏，无论相得还是相疏，都是自然的，不会因为相得而放弃自己的观点，也不会因为相疏而仇恨对方。

我们与朋友相交，也有相得和相疏。朋友彼此之间契合，是相得，然而人和事始终都在变化中，刚开始处于同样位置的两个人也许会渐行渐远。但与朋友相交，应光明磊落，即使二人渐行渐远，也不能怀恨在心。在后来的日子里，林语堂和鲁迅渐行渐远，但在鲁迅逝世后，他写文章悼念鲁迅，说鲁迅是勇士，并且坦言自己和鲁迅相疏是因为意见相左，并无私人恩怨，这种胸襟和气度值得赞赏。

君子坦荡荡

北宋的苏轼与王安石同列唐宋八大家，同朝为官，都是宋朝大才子，都是国之栋梁。王安石看中苏轼的才华，二人刚开始相交颇好。王安石是个有政治抱负的人，为了改变北宋积贫积弱的局面，他进行了大刀阔斧的改革。但是他改革过于急切，而且下面的官员在执行政策时有许多的偏差，搞得民怨沸腾。苏轼反对王安石变法的一些措施，然而王安石性格刚愎自用，完全听不进反对意见，苏轼因此被迫离京，他在外放的过程中还多次给皇帝上书，力陈新法的弊端。这是苏轼与王安石的相疏。

后来苏东坡身陷乌台诗案，朝中的人怕受连累都躲得远远的。此时的王安石，罢相后早已退隐南京。王安石想到国家多难，人才难得，连夜写信派人飞马进京给神宗皇帝。信中说，哪有国家正在用人之际，反而为些小文字惹的麻烦去杀那有学问才华的士子的道理呢？

苏东坡从黄州被赦免放回，乘船经过金陵时，王安石特地骑着驴子，穿着粗布衣服到江边去迎接。苏东坡没有戴帽子去见他，说道："轼今日以野服见大丞相。"王安石笑着说："礼岂为我辈设哉!"苏东坡与王安石一交谈，也发现其人道德文章才华见识又上一层楼，叹道"从公已觉十年迟"，恨不得从此追随了他。王安石邀请苏东坡同游钟山，两人说佛吟诗，并各自赋诗纪游。苏东坡诗中有"峰多巧障目，江远欲浮天"的名句，王安石非常佩服，长叹说："老夫平生作诗无此二句。"可见两个人政见相左，但都赞赏对方的才华，对彼此的人格都是认同的。在王安石死后，苏东坡也为此专门撰文纪念他。

王安石与苏轼的相交可谓是君子之交。他们仰慕彼此的才华，这是他们相得之处。尽管他们在政治上走向了完全不同的道路，在政见上水火不容，但依然尊重对方。苏轼因反对王安石的新政而受到贬谪，但在他遇难时，王安石全力相救，可见他们并无个人意气。

与朋友相交需坦坦荡荡。相得时可携手并肩，若与朋友最终疏远，仍要记得朋友昔日的好处，尊重朋友，对朋友真诚相待。相得与相疏，都是出于自然。

·5·
恩情须学水长流

就像我的爱情，和在一起的人慢慢相爱，夕阳西下，相互牵手，谈笑风生。

——林语堂

林语堂先生曾经说过：“影响我最深的，一是我的父亲，二是我的二姐，三是漳州西溪的山水。最深的还是西溪的山水。”在他的《八十自述》中，林语堂又一次说：“童年之早期对我影响最大的，一是山景；二是家父，不可思议的理想主义者；三是亲情似海的基督教家庭。”林语堂出生在大山中的一个小村，5岁之前，他没有离开过这个村子。他常和五个兄弟、两个姐姐到稻田或河岸，去远望日落的奇景，并互相讲神鬼的故事。儿时林语堂时常幻想一个人如何才能走出这四面皆山的深谷。林语堂回忆说：“童时，我对于荏苒的光阴常起一种流连眷恋的感觉。”林语堂这种对时光的眷恋感，可以说是大山给他的，也是父母之爱和兄弟姐妹给他的，正是这种细水长流的温情带给他对时光的深深眷恋。

亲情还需点滴呵护

每个人生下来都在某一系的血脉中拥有了自己的地位，会因此而获得自己的家人和家庭，这种被血缘关系绑定在一起的关系，可以说对一个人的成长有重大的影响。一般人长大之后都会建立自己的家庭，这样他就需要承担更多的责任。家庭中的养育之恩不是一朝一夕的事情，报答恩情也不在于朝夕之间。

著名影视演员蒋雯丽很爱她的姥爷，因为姥爷从小陪伴在她身边，教会她很多道理，在姥爷去世之后，她除了内心的忧伤之外，越来越感觉到传承在生命中的重要性。“姥爷在前头走着他的路，而我在后面一直沿着他的轨迹前行，这是一种潜移默化的影响。我也会和我的孩子们分享姥爷的故事，告诉他们贯穿在我们之间的血脉联系，他们也非常喜欢听我过去和姥爷的故事。最近，我的新书送给他们每人一本，然后给他们都题上了字。有一天我儿子突然对我说，‘妈妈，你题的字我好感动’，女儿出门的时候，也会背着我的新书，还常常给我讲，自己看到哪里了。平时我会让孩子们尽量多陪陪长辈，帮他们做一些力所能及的事情，当然，家长的言传身教更重要。”

生命在传承，爱也同样在默默地传递。亲情是人类足以跨越时代的共同的情感。回忆亲情总是能让人更加温暖，亲情的关联是最难以割舍的，也正是因为如此，亲情的故事总是能引起人们的共鸣，人们才更能体会到将这份恩情延续的不易，体会到这种雷打不动的情感带给人的安全感。

爱情若在长久时

作家暮秋的新作《林语堂，和在一起的人慢慢相爱》探讨了林语堂和廖翠凤的传奇佳话。廖翠凤本来是鼓浪屿首富廖家的二小姐，可偏偏对林语堂一见钟情。结婚后，林语堂征得廖翠凤的同意，把结婚证书烧了。他说：“结婚证书只有离婚才用得上。”暮秋特别细腻地描写了林语堂和廖翠凤的生活点滴。

暮秋笔下的林语堂是个聪明的人，走了那么多的路，遇见了那么多的人，自己喜爱的两个姑娘终究与他无缘，最后陪在他身边的是廖翠凤。林语堂很感动，一个条件优越的姑娘对他情深意重，而他又何德何能，除了加倍呵护，除了加倍珍惜，除了能让对方感受到他的真爱，他再没有别的选择。林语堂和廖翠凤的婚后生活十分清贫，但林语堂认为，“只有苦中作乐的回忆，才是最甜蜜的回忆”。

和在一起的人慢慢相爱，夕阳西下，相互牵手，谈笑风生。这是暮秋笔下的林语堂和廖翠凤的爱情。林徽因与梁思成也是如此这般，林徽因选择了梁思成作为她的人生伴侣之后，无论在工作还是生活上都对丈夫倍加支持，她和丈夫一起做古建筑的考察，一起在战火中颠沛流离而不改初心，不放弃学术梦想。而林徽因热衷于社交和文学沙龙，梁思成也倍加支持，甚至为她联络朋友，安安静静地听林徽因和朋友们聊一些风花雪月的问题而极少插话。这样在岁月中的相濡以沫、相互取暖才是最深刻、最生动的爱情。就如哲人所说的：“我一生最奢侈的事，就是途中与你相遇，然后相濡以沫，共闻花香。”这句话道出了在日复一日的日常生活中静静长流的细水，如同不会轻易被时光摧折的爱情。

这个世界上最幸福的事情，或许就是与在一起的那个人一起慢慢变老。当炊烟升起时，有人为你煮你最爱吃的食物；当灯光亮起时，有人在等晚归的你；当你的茶水凉了时，那个人会轻轻地为你续上一杯。你是她的茶，她是你的水，彼此谁也离不开谁。这样的爱情，才更为细水长流，绵延不绝。

要拥有一时的热情和激情十分容易，那可以说是人内在生命力的自然迸发，但是一个人要真正懂得珍惜和回报那些来之不易的、细水长流的恩情，才能算得上是成熟和长大的开始，否则只能永远在短暂的火花过后怅然若失，很难找到心灵的最终归宿。

·6·

交友之道：先淡后浓，先疏后密

正如周树人的作风，是极冷的，不大说话，往往泰然自若，即使说话声调也是低微的，与其文章相同，绝不高喊。

——林语堂

林语堂先生曾经说过“天下有一知己，可以不恨”，他指的是在茫茫人海中如果能够寻觅到一个能引以为知己的人，那么人生就可以没有遗憾了。要想在短暂的一生中遇到知己并非易事，我们结交的更多是普通的朋友。针对如何正确把握交友之道，林语堂先生提出过八个字，那就是“先淡后浓，先疏后密”。

培养健全人格，明晰自身交友需求

一个想要交到朋友的人，首先要培养自己的健全人格，努力把自己培养成人际交往的高手。这里所说的人格，不是人们平常所理解的概念，即人的尊严、道德风尚等。心理学上所说的人格，实际上就是指人的个性，是指一个人所具有的比较重要的和相当持久的心理。每个人在交往中都或多或少地出现这样或那样的问题，结交朋友之前，应该清楚地认识自己，对自己需要怎样的朋友做一番了解，比如说如果想要学习如何控制自己的情绪，那么结交一个懂得克制自己的朋友是大有益处的。一个人要对自己的性格品性先有所了解，才能在选择朋友上不至于出现大的失误。

有个故事说：到了冬天，刺猬们觉得很冷，就想抱在一起互相取暖，然而身上的尖刺一次次地刺伤它们。无奈之下，它们只得松开臂膀，然而松开又冷，最后不得不又尝试着搂在一起。于是，循环就出现了，可怜的刺猬在冷与被扎之间徘徊。刺猬的生活习惯可能没有几个人能够理解，但也许每个人都能从这个故事中体会出一个道理：朋友之间得保持距离，靠得太近就会伤害彼此。

人际关系的疏密程度，也就是心理距离的远近，并非固定不变的。心理距离远的，可以通过努力变近；心理距离近的，可能因处理不当而变远。心理距离的远近是一门十分微妙的学问。

先淡后浓，先疏后密

为什么在交友时要秉承先淡后浓、先疏后密的原则呢？道理很简单，因为如果先浓后淡、先密后疏的话，友谊很容易降温，不仅很难保持友谊，还可能给双方带来很大的伤害。所以，在结交的最开始就应该谨慎对待两者之间的关系，毕竟接触不多了解不深，有可能对方性格上的某些方面刚好是你极其讨厌的，如果急于靠近对方建立亲密的友谊，最后因性情上的不相投而闹崩，这样的结果是很让人沮丧的。因此在淡、疏的观察阶段，一定要擦亮眼睛看清楚对方有什么样的性情嗜好，是什么样的为人，如果确定了对方的品性和操守都靠得住，兴趣和性格都和自己相投，在此基础上再进一步加深了解建立稳定的关系甚至发展成知己也为时不晚。人心是十分脆弱和容易受伤的，对待朋友也不能有始乱终弃的想法和行为，因此在结交朋友的时候需要谨慎为之。

孙膑和庞涓同在鬼谷子门下学习，孙膑对庞涓真心相待，并引为知己，但是庞涓一直嫉妒孙膑的才华，对鬼谷子对孙膑的偏爱也是妒火中烧。后来庞涓以招贤纳士之名把孙膑引到魏国，因为生怕魏王会重视孙膑多于自己，他在魏王耳边进谗言引起魏王的不满，并最终下令对孙膑实行膑刑。孙膑这时候才发现自己一直深信的同窗好友竟是无耻小人。假设孙膑在认识庞涓之初就怀有戒心，并清楚认识其为人，那么自己便不会有如此悲惨的遭遇，历史最终可能会改写。由此可见，在结交朋友、掏出自己的真心之前需要对其为人做清醒的观察和认识，否则最终自己可能会受到伤害。

人在茫茫人世中生存，很多时候就如同驾着一叶孤舟在海上航行，一旦见到能聊得来的有缘之人，很容易无所设防地接近对方。可如果发现对方身上的缺陷刚好是你不能容忍的，那么及时疏远关系还可以相安无事。如果了解了双方的性格冲突还是要一如既往地接近对方甚至期望对方会为自己做出改变，那么到头来就可能会两败俱伤。

人之所以要寻找朋友，是要在世间寻找到一份温暖，而不是要让两人相互折磨，互相把人性中最黑暗的一面暴露给对方。因此交友之道贵在先淡后浓，先疏后密，在观察和试探期间就了解对方的为人，在此基础上再一步步接近，最后在根据双方的契合程度决定要建立什么程度的关系，这才是合理的交友之道。

·7·
挚友亦可为良师

鹤令人逸；马令人俊；兰令人幽；松令人古。

——林语堂

有一个成语叫“良师益友”，我们身边好的朋友，可以成为我们的老师。孔子说：“三人行，必有我师焉。择其善者而从之，其不善者而改之。”如果朋友身上有值得我们学习的地方，那么我们就要学习，从而使自己不断完善。与好的朋友交往可以对我们的学习和事业起到促进的作用，对我们人格的修养也会有很大的帮助。

朋友彼此促进

林语堂和周作人是亦师亦友的关系。二人在文化思想、文学观念以及性情癖好等方面都有着惊人的相似性和承继性。1924年，《语丝》杂志创建，鲁迅、周作人、郁达夫、刘半农、钱玄同和林语堂都是骨干。林语堂赞赏周作人的文章，二人常常在一起切磋，十分投缘。20世纪30年代中期，林语堂创办《人间世》杂志，里面多是闲适幽默的文章，这与周作人的文风是吻合的，他们的关系更进了一层。林语堂和周作人文风相近，彼此之间互相学习，是亦师亦友的关系。

唐代的诗人李白和杜甫相交深厚。公元744年，杜甫与李白初次相逢于洛阳，两位诗坛泰斗一见如故，同饮同醉，携手同游，度过了一段彼此难忘的日子。在分别之后，杜甫常常怀念李白，写下了“白也诗无敌，飘然思不群”等诗。李白的诗歌富有浪漫主义色彩，杜甫的诗歌沉郁顿挫，二人风格虽有差异，但彼此之间互相促进。

宋代的范仲淹和欧阳修都是著名的政治家和文学家，二人有着深厚的情谊。1033年，范仲淹被任命为右司谏，这是一个负责向皇帝进言的职位。这时的欧阳修与范仲淹并不相识，但本着对国家、民族的责任感，他给范仲淹写了《上范司谏书》。在信中他对范仲淹说，七品官的司谏，对于您来说，没有什么可喜的。而我们大宋朝廷，能与皇帝随时讨论国家大事的，只有宰相与司谏。自从您受命以来，我们都翘首踮脚久久等待着您在朝廷直言规谏圣上的消息，而最终等来的，是您一点言论都没有发表……欧阳修的信使范仲淹十分感动。二人因为共同的政治抱负走到了一起，彼此之间互相促进，在以后的日子里，二人经受了一系列的考验，却始终没有退缩。欧阳修因为支持范仲淹的新政，屡次被贬，但他无怨无悔。范仲淹的地位高于欧阳修，欧阳修追随于范仲淹，范仲淹对他的思想有很大影响。另一方面，欧阳修的一些行为也影响了欧阳修，二人是亦师亦友的关系。

好朋友间因为共同的志趣走到了一起，彼此之间是互相促进的，可以一起研讨学问，从对方的身上得到一些灵感和启发。好朋友可以投身于共同的事业中，一起并肩作战，从彼此的身上汲取力量。在困顿和迷茫的时候有朋友相伴，会给一个人极大的前进动力。

择善而从

和好的朋友相交，自己也会受到好的影响。孔子说：“君子不重则不威，学则不固。主忠信。无友不如己者。过则勿惮改。”我们要和品行好的人交朋友，学习他们身上的优点，这样我们才会进步。

“刎颈之交”这个成语说的是战国时期廉颇和蔺相如的故事。

好的朋友能对我们的人生大有裨益。张衡在年青时期有很多知己，其中很多都是当时很有才能的青年，特别是崔瑗。崔瑗很早就学过天文、数学、历法，并且深谙此道。张衡经常和他交流心得，他进一步研究天文、物理等科学都受到崔瑗很大的影响。泥土不能开花，但却沾染了玫瑰的芬芳，因为它选择了玫瑰作为朋友，得到了玫瑰的知识与才华。正所谓“蓬生麻中，不扶而正；白沙在涅，与之俱黑”，和不好的朋友在一起久而久之会受到影响染上不良习惯，就如泥土沾染了腐败的气息，使人敬而远之，唯恐避之不及。

挚友亦可为良师，好的朋友彼此间应是互相促进的。其一，我们要选择品行好，对自己有促进作用的朋友。孔子说：“与善人居，如入芝兰之室，久而不闻其香，即与之化久矣。与不善人居，如入鲍鱼之肆，久而不闻其臭，亦与之化矣。”我们要和真正的良师益友相交。其二，与朋友相交时，我们要有虚心的态度，当看到朋友的优点时，我们要去学习，朋友劝谏我们时，我们要虚心接受。一个刚愎自用，看不到别人优点的人是不会进步的。

·8·
择友莫要以貌取人

一般年轻女子，在观察男性的时候，总不免会为对方的美貌或体格所吸引。但是容貌却只是婚后两三个月的问题，在继续三十年或四十年的结婚生活中，不久就能发现，到底是面貌美好而精神丑陋的男人好呢，还是面貌不十分美好而精神美丽的男人好呢？

——林语堂

中国古代有谚语："人不可貌相，海水不可斗量"，指的就是不可以以貌取人，正如不能以小小的斗去丈量海水的深度一样。尤其是在结交朋友的时候，倘若以貌取人，很容易错失真正的朋友。真正评判和丈量一个人应该从其内在的美入手，而不能光凭借外貌来定夺人品的高低。

人不可貌相

《史记·仲尼弟子列传》记载了"以貌取人，失之子羽"的故事。孔子的一个弟子,叫澹台灭明，字子羽。他是鲁国人，比孔子小39岁。子羽的体态和相貌很丑陋,想要事奉孔子。孔子最初认为他资质低下。但他从师学习后，回去就致力于修身实践，处事光明正大，不走邪路；不是为了公事，从不去会见公卿大夫。后来，子羽游历到长江，跟随他的弟子有三百人，声誉很高，各诸侯国都传诵他的名字。孔子听说了这件事，感慨地说：“我只凭相貌判断人品质能力的好坏，结果对子羽的判断产生了失误。”孔子作为中国古代最卓越的教育家，也是在经历对子羽的判断失误的教训之后才真正明白了不能以貌取人的真理。这是因为人的外貌是父母给予的，很难更改。如果仅仅通过一个人的外貌就断定他将来的成就，会很容易产生失误。

西晋时期的文学家左思是一个外表丑陋的男子。魏晋时期，人们特别看重男子的外貌。美男潘安走在街上，人们争相围观他，丑男左思走在街上，人们则向他吐唾沫。但是左思虽然貌丑，却是一个很有才华的人，他写了《三都赋》，水平极高。于是，洛阳的读书人争相买纸抄写此赋，使得洛阳的纸价飞涨。

清代施琅之子施世纶，是著名的清官。然而他小时多病，长大后其貌不扬，甚至可以说是很丑。清人邓之诚说他“眼歪，手蜷，足跛，门偏”，所谓“五行不全”。施世纶外表丑陋，但是他秉公执法，清正廉洁，不畏权贵，勤于民事，在民间素有“施青天”之誉，被康熙称为江南第一清官。

一个人的外表和他内在的品行能力不一定是相称的：一个丑的人可能会有美好的德行，一个外表美丽的人也可能内心丑陋。以外貌来判断一个人显然是过于武断了。我们交友要看朋友的内在，而不是外在。内在美好的朋友才是良友，会对我们的人生产生积极的影响。

交友且看内在美

一个人为什么需要朋友？因为人行走于世间，需要同行者，朋友就是能在家人缺席的时候互相给予支撑和帮助的人。如果凭外貌取人，交到外表光鲜的朋友，这些朋友可能和你共富贵，但是一旦你遭遇人生的打击和艰难的处境，谁能知道在光鲜的外表背后会包藏着怎样的祸心呢？

《水浒传》可知，“玉麒麟”卢俊义在梁山108位好汉中武艺无人可比，而且形貌甚伟，然而他却只能坐第二把交椅，因为上面还有宋江。宋江，郓城小吏，人称 “孝义黑三郎”，可见长得并不怎么样，是个又黑又矮的家伙。其武艺更是与卢俊义相差甚远，然而他却凭借自己“及时雨”的称号以及众多梁山好汉的佩服与爱戴，力压卢俊义稳坐第一把交椅。众位好汉不因宋江的外貌不够伟岸而对其有所嫌弃，而是十分敬爱他，不仅视为领袖，更视为惺惺相惜的朋友。梁山泊好汉们只以义气相称，不以人的外貌来品评和判断人品的优劣，这样的择友标准是值得发扬的。

林语堂先生自己交友就秉持着自己的原则，比如说他和鲁迅先生之间的伟大友谊。1936年10月19日鲁迅在上海逝世的时候。曾与鲁迅并肩战斗过的林语堂在纽约挥笔写下了悼念文章《鲁迅之死》：“鲁迅与我相得者二次，疏离者二次，其即其离，皆出自然，非吾与鲁迅有轾轩于其间也。吾始终敬鲁迅；鲁迅顾我，我喜其相知，鲁迅弃我，我亦无悔。大凡以所见相左相同，而为离合之迹，绝无私人意气存焉。”林语堂和鲁迅的文章风格不同，但这并不影响他们惺惺相惜。这样的友情不是光靠外貌的吸引和欣赏就能建立起来的。这样的意气相投、肝胆相照，才可真正引之为知己。

所谓“惟大英雄本色，是真名士自风流”。要想结交真正的大英雄和真名士，就不能因外貌打扮来品评其人品，而是应透过外表看到其内在本质。一个真正在乎自己的朋友、希望在自己的人生轨迹中留下美好痕迹的人，是不会将自己的真心轻易托付给外表看起来光鲜无限，但内心丑陋的人的。相反，他能看到那些外表平平甚至丑陋，但是内心无比美好的人。如果当时《巴黎圣母院》中的艾丝美拉达珍视卡西莫多的友情，看到那个丑陋的躯体之下的美好灵魂，而不被军官的英俊外表所吸引，那么最后她的命运可能又是另外一番模样了。因此说，人不可貌相，在交友的时候尤其需要谨慎处理，以防交到损友而最终后悔莫及。

·9·
择良木而栖，择良友而交

云映日而成霞，泉挂岩而成瀑。所托者异，而名亦因之。此友道之所以可贵也。

——林语堂

朋友有良友、损友之分。一个良友会在你落难的时候帮助你，在你失败的时候鼓励你。而一个损友只可以和你一起玩乐，在你富贵的时候恭维你，企图从你身上得到利益；一旦你落难，他会很快离你而去，甚至会落井下石，毫无情分可言。所以，我们要和好的朋友相交，不可把自己的时间都浪费在酒肉朋友的身上。

真正的朋友

良友是怎样的呢？孔子说："益者三友，损者三友。友直，友谅，友多闻，益矣。友便辟，友善柔，友便佞，损矣。"林语堂则认为，好友要有共同的志趣，彼此可以坦诚相待，在好友面前可以说真心话，可以暴露自己的弱点，相信朋友不会出卖自己。良友会在自己落难时给予自己帮助，始终不离不弃。

荀巨伯是汉代著名的义士。他去远方探望一个生病的朋友，恰在此时匈奴大军来攻城，他的朋友让他离开，荀巨伯坚决不同意，要和朋友一起面对危险。匈奴人到来后，匈奴首领对荀巨伯说："大军来了，整个城市就将被洗劫一空。你为什么不离开？”荀巨伯说：“眼看着朋友生病，不忍这样离开，我宁愿以我来代替朋友。”匈奴首领听到了荀巨伯的回答，被荀巨伯舍己为人的精神深深感动了，于是就带领手下撤退，城郡完好地获救了。荀巨伯在匈奴大军来袭时，他为了照顾朋友而把自己置身于危险之中，是一个良友。

如果我们不能明辨良友和损友，把一些心怀叵测的人当成自己的朋友，那么我们也许会面临灾难。郑袖是战国时期楚王的宠妃。当时魏国与楚国交好，魏王把魏国的一名美女送给了楚怀王。郑袖非常嫉妒这位魏美人，她先假意和魏美人交好，骗取魏美人对她的信任，再告知魏美人她的鼻子长得不好看，在见到楚王时要把鼻子掩起来，不要被楚王发现破绽。魏美人信以为真，每次见到楚怀王都掩着鼻子。楚怀王感到很奇怪，对郑袖说：“魏美人每次见到我都掩着鼻子，这是为什么呢？”郑袖说：“这是因为她嫌弃大王身上的气味啊。”楚怀王听了之后非常愤怒，下令割掉了魏美人的鼻子。魏美人心思简单，以为郑袖对自己好，就是自己的朋友，完全相信了郑袖的话，却不知这一切都是郑袖的阴谋，可见一个人慎重交友有多么重要。

和良友在一起是有益的，两个人会互相进步。东晋时期祖逖是一个有远大抱负的人，他和刘琨感情很好。二人不仅常常同床而卧、同被而眠，而且有着共同的远大理想：建功立业，恢复中原。一天夜里，祖逖听到鸡叫的声音，他把刘琨弄醒，说：“别人认为半夜听到鸡叫不吉利，我却不这样认为，以后我们听到鸡叫就起来练剑如何？”刘琨欣然同意。于是他们每天鸡叫后就起来练剑，寒来暑往，从不间断。经过长期的艰苦训练，他们终于成为能文能武的人，在以后的北伐中建立了功业。他们二人有着共同的理想抱负，一起前进，是彼此的良友。

真正的朋友是以真心相待的，不会在危险的时候抛弃朋友。有一些人为了自己的利益而和人相交，随时可能把朋友出卖。和良友在一起，自己会不断进步；和损友在一起，自己可能会堕入深渊。

择友而交

交友要择良友而交。如何辨别良友与损友呢？我们可以从日常生活的细节，从对人和对事的态度了解一个人，切莫被损友一时的友善蒙蔽。

章惇是苏东坡的朋友，他富有才华，豪爽大方，与苏轼相交甚欢。一次二人在去往芦关旅行途中，进入深山中。山十分陡峭，两边都是悬崖。章惇提出到对面的峭壁题字，东坡不肯。章惇抓住一根绳索，坠下悬崖，在对岸一岩石上题了字，然后再回来。章惇的举动让苏东坡很警惕，他认为，一个敢于玩弄自己生命的人，也不会把别人的生命当回事。

章惇是新党人士，支持王安石的变法。变法失败后，旧党司马光一派上台，章惇被贬斥。哲宗登基后，重新启用新党，章惇成为了丞相。他上位后对旧党展开了报复，提请皇帝下诏掘开司马光之墓，砸烂棺木，鞭笞尸体。这点虽然并未如愿，但是司马光家产被没收，后代的俸禄被取消，朝廷给予司马光死后的荣光也被褫夺。苏东坡则被贬往岭南惠州，然而苏东坡被贬后依然乐观，这更是惹恼了章惇，他接着把苏东坡贬往海南那蛮夷之地，让苏东坡受尽磨难，丝毫不念及昔日情分。

苏东坡从章惇到峭壁一事洞察到他的性格。一个人的为人如何，可在日常生活中体现出来，我们要擦亮眼睛，选择有益的朋友，如果意识到一个人与自己不相合，那么要与他保持适当的距离。

我们在生活中要择良友而交，与损友保持距离。与朋友交往，不要光从表面来判断一个人的好坏，要深入考察他的人品，不要轻易相信他人的花言巧语，要保持理性。当发现一个人品行不好时，我们要及时疏远他，这样才能使自己远离灾祸。

NO.7

智者阅读群书，亦阅历人生

——林语堂谈治学的艺术

读书可以使人获取知识，陶冶情操。我们要常读书，更要爱读书，读自己所爱的书。读书不可有功利心，不要把读书和做学问看作谋财的途径，而是要真正地投入到书中的世界。读书是伴随着思考的，读书既要读进去，又要走出来。

我们从书中学习到的“道”，可以用来指导我们的现实生活；我们在现实生活中获取经验知识，也是读“书”的一种方式。君子在学问上要追求广博，在人生的路上要追求“道”。做文与做人都要有浩然正气。

·1·

治学精髓：独特性和价值

文人要写自己胸中的话，不可人云亦云。写文章如此，其他方面也是这样。

——林语堂

林语堂的散文以幽默著称，具有其独特性。林语堂在谈论写文章时说：“文人要写自己胸中的话，不可人云亦云。写文章如此，其他方面也是这样。”做学问要有自己的观点，前人的精华应该吸收，但不能盲目追随，要独立思考，敢于质疑权威。古往今来的大学问家、大学者，都有着自己独立的思想，在学术上提出了新的见解。

思想独立

古希腊哲学家亚里士多德有一句名言：“吾爱吾师，吾更爱真理。”他的老师柏拉图主张唯心主义，认为万事万物的存在都依赖于人的感觉，而亚里士多德却承认物质的作用。在治学方面，他有着自己独立的思想，不盲目跟从前人，这是他取得重大成就的原因之一。

爱因斯坦是美籍犹太裔的物理学家。他在20世纪的时候提出了相对论，认为时空都是相对的，物体以光速运动时，时间会过得很慢。爱因斯坦的相对论是对牛顿绝对时空理论的一个挑战。当时的人们已经普遍接受了绝对时空的观点，而时空相对的观点过于抽象，而且看上去是和人们的日常体验相矛盾的，人们很难去理解相对论。不少科学家都对爱因斯坦的相对论表示怀疑，强烈抵制给他授予诺贝尔奖，一些诺贝尔奖的获得者还威胁说，如果给爱因斯坦授奖，他们就要退回已获得的奖章。时至今日，相对论仍没有得到科学界的广泛认同。物理学家康特认为相对论“全部基于错误的方法或无效的逻辑”，诺贝尔物理学奖获得者阿尔文认为相对论“不过是一个小摆设”，“抹杀了科学和伪科学之间的界限”。但是，爱因斯坦令全球瞩目的原因也是在于他的相对论。他提出的相对论是独特的、有创建的，开拓了科学研究的一个新的领域。

清代的训诂学有了很大发展。唐代的学者注经书，多因循汉代学者的观点，想办法把汉代学者说的话解释清楚。清代学者却不是这样的，他们敢于质疑前人的观点，提出自己的见解。段玉裁是清代著名的文字学家和经学家。他说，做学问最重要的是追求真知。如果知道的虽然很多，但都是假的东西，还不如知道一点真正的知识呢。因此段玉裁注经书反复考核材料，他注一本书往往要引用多本书的内容。他还说，前人著的书也未必都是真的，后人应该谨慎地采用。段玉裁注《说文解字》，在校勘中指出了古本的很多错误。对于改字问题，段玉裁先生认为当改则改，不要沿用前人的错本。同时他在改正古本的过程中做了详细的考据，反对乱改古本。正是在这种治学思想的指导下，段玉裁的注疏取得了重大的成就。

治学的精髓正在于独特性。说前人说过的话、做前人做过的事，那么做学问和复制又有什么差别呢？做学问最重要的是要提出新的观点。前代的定论并不一定就是正确的，要敢于质疑权威，要独立思考，理性选择。真正的大学问家，在学术上都有自己的创见。

做独创的学问

王国维先生在谈论文学时说：“凡一代有一代之文学：楚之骚、汉之赋、六代之骈语、唐之诗、宋之词、元之曲，皆所谓一代有一代之文学，而后世莫能继焉者也。”其实不光文学是这样，其他学问也是这样的。每一代都有每一代的特点，后人要有自己的独创性，如果跟在前人的后面走，那么就永远也超越不了前人。

鲁迅在文学上取得了重大的成就，其原因之一就是他文章的独特性。鲁迅的《狂人日记》是中国新文学史上第一篇短篇白话小说，发表于1918年。1918年正是白话文运动时期，当时新一代的知识分子主张用白话文写作，反对文言文。在白话文刚刚被提倡的时候，白话文的各种语法规范并不具备。在这个时候，鲁迅发表了第一篇短篇白话小说，是十分具有独创性的。《狂人日记》的独特性还在于它的写作手法也与传统的不一样。传统小说的写作重视叙事，重视事件先后的逻辑性，而《狂人日记》则以一个狂人的口吻写作，写的多是狂人内心的活动。另外，《狂人日记》对传统文化进行了猛烈的批判，发出“救救孩子”的呼声，这是它在思想层面的独特性。《狂人日记》之所以被广泛认可，也是因为它的独特性。

林语堂的文章也是有独特性的。他写的多是幽默闲适的文章，记录的多是日常的感受，在平淡中见深长，读来让人回味无穷，可以感受到心灵的愉悦。林语堂的文章在当时受到了左盟的猛烈攻击。左派写文章，多是要批判人和事，把文章当成是一种工具。即使受到了猛烈的攻击，林语堂先生也不妥协，他始终认为幽默是有价值的、有力量的。也正是由于这种坚持，使得林语堂先生的文章在今日依然有着独特的魅力，依然受到人们的喜爱。

治学要有独特性，不可盲目跟风，独创的也是最有价值的。要做到独特，需要独立的思考和判断，要有一颗好奇心，要善于观察和发现新的东西。

·2·

治学心态：有点兼容并包的智慧

人生世上，最用得着的一点常识是读书不可读昏了。……吾辈既然读书，至少亦须留一点意识，凡事能看穿真理，将来受用无穷也。

——林语堂

林语堂先生是一位学贯中西的大师。他的英文很好，翻译了多本英文名著，他的代表作《京华烟云》是他在1938年旅居法国时写的英文版小说。同时，林语堂先生还有着很深的国学修养，写过《孔子的智慧》《老子的智慧》等。治学需要有兼容并包的智慧，要多了解些不同方面的知识，多从不同的角度分析问题。学问有两个方面，一是博，二是专，博是基础，只有博览群书才可以更好地分析问题。另外，兼容并包的智慧还意味着对他人的不同意见持宽容的态度。

学识的广博

古希腊思想家亚里士多德是一个学识广博的人，他的著作包含许多学科，包括了哲学、天文学、物理学、诗歌、音乐、生物学、逻辑学、政治学以及伦理学。在哲学方面，亚里士多德抛弃了他老师的唯心主义观点，认为世界是物质的。在自然科学方面，亚里士多德认为地球是球形的，是宇宙的中心；认为物体只有在外力推动下才会运动，他还对五百多种不同的植物、动物进行了分类，至少对50多种动物进行了解剖研究，指出鲸鱼是胎生的，还考察了小鸡胚胎的发育过程。在人文科学方面，亚里士多德著有《诗学》《政治学》《尼各马可伦理学》等等。亚里士多德在自然科学上的一些观点，譬如地球是宇宙的中心等等，虽然已经被证明是错误的，但他作为2000多年前的古人，在多个领域有著述，这是令后人惊叹的。现代人提到西方文明的源头，无论是哪个方面，都避不开亚里士多德。

东汉时期的张衡，是一位著名的天文学家，同时他在数学、地理和文学等方面，也表现出了非凡的才能和广博的学识。张衡发明了地动仪，可以测出地震的方向。在天文学方面，张衡指出月球本身并不发光，月光其实是日光的反射，他还正确地解释了月食的成因。在东汉时期关于历法的讨论中，张衡经过对多年的天文观测记录的研究，认为《九道法》是最精密的，对采用《四分历》和《太初历》的观点进行了驳斥，防止了历法的倒退。在文学方面，张衡的《归田赋》和《二京赋》辞藻优美，是汉赋的杰出之作，他本人也是汉赋四大家之一。

在中外的历史上，都有过许许多多的通才。学问是相通的，林语堂先生提倡自由的读书，他说："人之初生，都是好学好问，及其长成，受种种俗见俗闻所蔽，毛孔骨节，如有一层包膜，失了聪明，逐渐顽腐。读书便是将此层蔽塞聪明的包膜剥下，能将此层剥下，才是读书人。"求知是没有范围限制的。一个人对于他所未了解的事物，要保持一颗好奇的心，通过自由的读书，了解更多的知识。林语堂先生国学修养很好，但他并不排斥西学；在国外接受西学教育多年，但也不认为中国传统文化是不好的。他把中西方的文化都融合在一起，这种兼容并包的治学心态是值得学习的。当代大学提倡通识教育，鼓励学生选修不同板块的内容，这就是兼容并包的表现。

宽容的态度

治学要有兼容并包的智慧还意味着要对不同的观点持宽容的态度，要听得进他人的意见。

蔡元培先生任北京大学的校长后，提出“思想自由，兼容并包”的方针，他认为大学应该广集人才，容纳各种学术和思想流派，让其互相争鸣，自由发展。而墨守成规，抱残守阙，持一孔之见，守一家之言，实行思想专制，是不可能使学术得到发展的。

春秋战国时期是思想自由的时期，是中华文明的源头，儒家、道家、法家、兵家、墨家都在这个时期大显身手，但秦以后就很难有这种局面了。秦始皇焚书坑儒，思想走向沉寂。汉武帝罢黜百家，独尊儒术，自此儒家一统天下。虽然在某些时期，佛教、道教的文化也兴盛过，但总体而言，百家争鸣的局面不再出现了。

在一个兼容并包的社会，思想文化会走向繁荣。对于个人而言，一个兼容并包的人是一个平和的人，是一个会不断进步的人。林语堂先生说：“读书的意义，是使人较虚心，较通达，不固陋，不偏执。”他还提到一种现象，中年人的世界观已经固定，他们会认为自己什么都懂，认为自己的观念就一定是对的，林语堂先生认为这就是因为许久不读书造成的。一个真正热爱知识的人不会故步自封，而是会去接受新的知识。对于他人的不同意见，会理性思考、冷静分析，而不是全盘否定他人的意见。

林语堂是一个温和的人，他治学的心态也是平和的，中西方文化都接受。“五四新文化运动”时，新派的一些人走向极端，主张“打倒孔家店”，认为传统文化都是不好的，应该全面西化，有的人还认为要废除汉字，采用拼音文字。旧派的一些人则认为传统的都是好的，认为孔教应该复兴、白话文是亡国的征兆、女子应该缠足等等。这两种思想在某个层面上来讲都走向了极端。

在学术上，要对不同的观点持宽容的态度。思想上自由，学术上才会更进步。

·3·

做文与做人：一点浩然正气

我们在读一本古书，或阅一幅古画时，我们其实不过是在观看那作家的心灵的流动。有时，这心力之流如若干涸，或精神如若颓唐时，即使是最高手的书画家也会缺乏精神和活泼的。

——林语堂

林语堂在《做文与做人》一文中阐述了他对文人的看法。在他看来，文人写文章要自由，但做人要有规矩。一些人把文人的种种恶习气，譬如轻狂、风流、傲慢等等，当成是名士气，以为学了这些，就可以做名士了；还有一些人把写文章当成谋取利益的手段，毫无骨气，毫无立场。林语堂认为这都是不可取的。做人需堂堂正正，要修身，注意自己的一言一行；做文则要写自己胸中的话，要独抒己见，不要取媚他人。

约束自我

孔子说："弟子入则孝，出则悌，谨而信，泛爱众，而亲仁。行有余力，则以学文。"意思就是，在家里面孝顺父母，出门对待友人像对待兄长一样尊重、友爱，说话谨慎，信守承诺，对众人有爱心，亲近有德行的人。这样去做了以后，若还有余力，就再去学习一些知识。《大学》中提到，君子学习的目的在于"修身齐家治国平天下"。儒家思想最注重个人的道德修养，认为学习的目的正是在于使人做一个有修养的人。

林语堂在《做文与做人》说:“文人就有一些特别坏脾气,特别颓唐,特别放浪,特别傲慢,特别矜夸。”他提到有一种叫“名士派”的派别,其特点是学了一些譬如风流、放浪等等的坏毛病就以为自己是名士了。晋代的谢鲲挑逗邻家的女子,被打断了两颗牙齿,然而他并不感到羞耻,还说这并没有妨碍他啸歌。他的这种放浪在当时成为一种社会时尚,当时的贵族子弟多羡慕他的通达。谢鲲的行为是对儒家传统礼法的背离,但在晋代,他的行为并没有脱离当时的俗世生活,因为这种背离行为是受当时上层社会认可的,并不需背负舆论压力。在这样的背景下,当时的士人纷纷效仿谢鲲。晋代名士仿效阮籍不修边幅的行为,有的甚至赤身裸体。以赤身裸体为通达是对名士精神的误读,貌似张狂,实则虚伪。明人胡应鸣在《菜根谭》一书中写到:“是真名士自风流。”晋代的所谓狂人、达人很多并非是真正豁达的名士,其放浪不过是为了迎合当时的社会风气,从而显身立名。王孝伯对此评论说:“名士不必须奇才,只要无事,痛饮酒,熟读《离骚》,就可以称得上名士了。”这种名士所谓的风流,只是假风流罢了。

民国是一个思想自由的时期,但当时的文人在道德上也有着种种毛病,譬如生活风流、感情随便、不守法度等等。林语堂提出文人要注重德行是有积极意义的,一个读书人,应当约束自我,做一个有道德的人。

铁肩担道义,妙手著文章

林语堂说:“既做文人,而不预备成为文妓,就只有一道:就是带一点丈夫气,说自己胸中的话,不要取媚于世,这样身份自会高。要有点胆量,独抒己见,不随波逐流,就是文人的身份。所言是真知灼见的话,所见是高人一等之理,所写是优美动人的文,独往独来,存真保诚,有气骨,有识见,有操守,这样的文人是做得的。”他认为有些文人的毛病就是毫无立场,谁给钱就给谁写文章。

但是中国历史上也有很多有骨气、有责任感的读书人。屈原是战国时期的楚国人，他自幼勤奋好学，胸怀大志，早年受楚怀王信任，任左徒、三闾大夫，常与怀王商议国事，参与法律的制定，主张章明法度，举贤任能，改革政治，联齐抗秦，提倡“美政”。在屈原的努力下，楚国国力有所增强，但是由于怀王宠妃郑袖和纵横家张仪的阴谋，怀王逐渐疏远了屈原。在张仪的阴谋下，楚怀王被秦国诱去，囚死于秦国。楚襄王即位后，屈原继续受到迫害，并被放逐到江南。公元前278年，秦国大将白起带兵南下，攻破了楚国国都，屈原的政治理想破灭，对前途感到绝望，虽有心报国，却无力回天，在同年五月怀恨投汨罗江自杀，以死明志。屈原的诗歌表达了他的政治理想，“路漫漫其修远兮，吾将上下而求索”，屈原一直在为楚国寻找出路，是一个伟大的爱国诗人。

近代时期，梁启超的文章鼓舞了一代又一代青年人。他的文章是有力量的，其力量在于紧贴国家和民族的命运。他早年参与戊戌变法，在《时务报》上发表了多篇文章，呼吁变法图强。辛亥革命后，梁启超支持共和，袁世凯称帝时，出20万大洋让梁启超写文章，梁启超坚决地拒绝了。他在上海《大中华》月刊发表了《异哉所谓国体问题者》，《申报》《时报》等大报迅速转载，风行一时。他在文章中阐述了反对变更共和政体的观点，对袁氏意欲复辟帝制的行径进行猛烈抨击，与袁世凯正式决裂。梁启超晚年从事传统文化的研究，他给自己的书斋取名“饮冰室”，取“十年饮冰，难凉热血”的意思。梁启超一生都在探求救国的道路，他始终写自己想写的文章，是一个有骨气的文人。

做文与做人，都需要浩然正气。为人要约束自我，做一个有道德的人；做文要有自己的骨气，说自己的话，写自己的文章，不可有媚骨，不可为了利益而说违心的话，这是文人的精神。“文以载道”即是如此。文人的笔头是有力量的，承载的是社会的良心。

·4·

求学精神：读书少点功利心

宋朝黄山谷说过："三日不读书，便觉语言无味，面目可憎。"他认为，人如读书即会有风韵、富风味，这就是读书的唯一目标；惟有抱着这个目标去读书，方可称为知道读书之术。但一个人并不是为了要使心智进步而读书，因为读书之时如怀着这个念头，则读书的一切乐趣便完全丧失了。

——林语堂

读书是一种心灵的活动。如今许多人读书都是为了求得功名利禄，而在林语堂看来，这是偏离读书之道的。如果一个人把读书当作一块"敲门砖"，为着现实的利益而读书，那么他也得不到真正的知识。

读书的目的

林语堂在《读书的艺术》一文中说："读书使人得到一种优雅和风味，这就是读书的整个目的，而只有抱着这种目的的读书才可以叫做艺术。"林语堂倡导的是为乐趣而读书，而不是功利性的读书。

千百年来，我国把考试作为选拔人才的一种方式，很多读书人也把读书看作自己获取功名的渠道。他们读书有着直接而现实的目的，就是为了获取功名。清代吴敬梓的《儒林外史》就描写了许多把考取功名当作人生唯一目的的读书人，譬如范进。范进未中举前，家里穷困潦倒，一家老小都在挨饿，他也饱受丈人的白眼。但是他不甘心，偷偷瞒着丈人去城里参加乡试，回来又受到丈人的责骂。在被告知自己中了举人的事时，范进先是不敢相信，认为是邻居哄他。确认消息的真实性后，范进高兴到疯疯癫癫的，一路上拍着笑着，还一脚踹到塘里去了。周围的人得知范进中举的消息后，立刻变得巴结起来。他丈人的态度更是与之前判若两人，说范进是天上的文曲星，还说自己好福气，有个好女婿。乡绅也赶来给范进送银子，范进的生活情况完全被改变。在这个故事中，所有的人都把读书看作一种求取功名的手段。范进读书的目的就是为了考取功名，周围人对他态度的转变是因为他考取了功名。在人们的眼中，如果一个人读书能够获得功名，那么他读的书就是有用的，反之就是无用的。

“书中自有黄金屋，书中自有颜如玉”，“朝为田舍郎，暮登天子堂。万般皆下品，惟有读书高”，这些流传千年的诗句反映的都是功利性的读书。即使在科举制废除的今天，大多数人读书还是为了考试。蔡元培先生在一次演讲中说：“吾国办学二十年，犹是从前的科举思想，熬上几个年头，得到文凭一纸，实是从前学生的普通目的。自己的成绩好不好，毕业后中用不中用，一概不问。平日荒嬉既多，一临考试，或抄袭课本，或打听题目，或请划范围，目的只图敷衍，骗到一张证书而已，全不打算自己要做一个什么样人，自己和人类社会有何关系。”

在林语堂先生看来，功利性的读书并不是读书的宗旨。他在《论读书》中提到，要倡导自由的读书，从而“开茅塞，除鄙见，得新知，增学问，广识见，养性灵。”这才是读书的目的。

读书的乐趣

林语堂先生是爱读书的人，他在文章中多次提到读书的乐趣，反对苦读这种读书方法。古人头悬梁、锥刺股的故事一直被当作勤奋的典型，而在林语堂先生看来，采取这种苦读方法的人并不是爱读书的人。爱读书的人会在书中找到乐趣，即使整日整日看书也不会疲倦。

著名历史学家麦考莱曾给一个小女孩写信说：“如果有人要我当最伟大的国王，一辈子住在宫殿里，有花园、佳肴、美酒、大马车、华丽的衣服和成百的仆人，条件是不允许我读书，那么我决不当国王。我宁愿做一个穷人，住在藏书很多的阁楼里，也不愿当一个不能读书的国王。”在他看来，读书是一种乐趣，是生活的第一要素。

抗日战争期间，曹禺在四川江安国立剧专任教。一年夏天，有一次曹禺的家属准备了澡盆和热水，要他去洗澡，此时曹禺正在看书，爱不释手，一推再推，最后在家属的再三催促下，他才一手拿着毛巾，一手拿着书步入内室。一个钟头过去了，未见人出来，房内不时传出稀落的水响声，又一个钟头过去了，情况依旧。曹禺的家属顿生疑惑，推门一看，原来曹禺坐在澡盆里，一手拿着书看，另一只手拿着毛巾在有意无意地拍水。这可是爱读书到了一种痴迷的地步。

大学者胡适也是一个爱读书的人。他在日记中记载了这样一件事：“有人赠我莎士比亚名剧《亨利第五》，全书三百八十余页，用薄纸印之，故全书仅广寸有余半，长二寸，厚不及半寸（英度），取携最便，因以置衣囊中，平日不读之，惟于厕上及电车中读之，约一月而读毕，此亦利用废弃光阴之一法。”胡适读《亨利第五》全是出于个人兴趣，平时没有空读，就抽零碎的时间来读。古人有“三上”读书的说法，即“马上、枕上、厕上”，只有自己爱看的书才能在这样的条件下依然手不释卷，若看的是自己不爱看的书，只怕坐在明亮的房间里，也会觉得索然无趣的。

若读书时抱着一颗功利心，那么读书就成了一件很无趣、很累人的事。即使是用冷水洗脸，用锥子刺自己的大腿，也会觉得昏昏欲睡。若把读书当成一种乐趣，就会有着无限动力。即使在颠簸的车上，在灯光昏暗的路上，也会想着要把书看完，想知道书的后面讲的是什么内容。读书少些功利心，读自己爱读的书，才会真正读出滋味。

·5·
治学信仰：一颗让内心强大的种子

我以为一个人能发现他所爱好的作家，实在是他的智力进展里边一件最重要的事情。世上原有所谓性情相近这件事，所以一个人必须从古今中外的作家中去找寻和自己的性情相近的人。一个人唯有藉着这个方法，才能从读书之中获得益处。

——林语堂

林语堂先生提到信仰带给他力量。一个人对治学的热爱也会成为一种信仰，这会使他拥有坚强的意志，使他能够面对一切艰难险阻。即使在极端困苦的处境，也有前进的动力；即使面对他人的非议，也不会退缩；即使病痛缠身，也有支撑下来的力量。有信仰的人是平和的，也是有力量的。一个有治学信仰的人，在治学的路上会不断前进。

不惧风霜雨雪

徐霞客是我国明朝著名的地理学家、旅行家。他先后游历了16个省，东到浙江的普陀山，西到云南的腾冲，南到广西南宁一带，北至天津蓟县的盘山，足迹遍及大半个中国。更可贵的是，在30多年的旅行考察中，他主要是靠徒步跋涉，连骑马乘船都很少，还经常自己背着行李赶路。他寻访的地方，多是荒凉的穷乡僻壤，或是人迹罕见的边疆地区。他不避风雨、不怕虎狼，几次遇到生命危险，出生入死，尝尽了旅途的艰辛。

有一次，他去黄山考察，途中遇到大雪。当地人告诉他有些地方积雪有齐腰深，看不到登山的路，无法上去。徐霞客没有被吓住，他拄了一根铁杖探路，上到半山腰，山势越来越陡。山坡背阴的地方最难攀登，路上结成坚冰，又陡又滑，脚踩上去就会滑下来。徐霞客就用铁杖在冰上凿坑，脚踩着坑一步一步地缓慢攀登，终于爬了上去。山上的僧人看到他十分惊奇，因为他们被大雪困在山上已经好几个月了。

他在游历考察过程中，曾经三次遭遇强盗，四次绝粮。一次他在湘江遇到强盗，他的一个同伴受伤，行李、旅费也被洗劫一空，人还险些丧命。当时，有人劝徐霞客不如回去，并要资助他回乡的路费，但他却坚定地说："我带着一把铁锹来，什么地方不可以埋我的尸骨呀！"徐霞客继续顽强地向前走去。

徐霞客不畏风霜雨雪，正是因为治学的信仰在支撑着他，他的游历并不是为了玩耍，而在于探访各地的环境。他对河流、石灰岩地貌、火山、温泉等都有过考察研究，对各地的气候做了认真的描述。此外，他对各地的风土人情也有详细的考察。他所著的《徐霞客游记》是我国地理学的一部大作。

治学的信仰会给一个人带来力量，让他可以克服困难，坚定地前进。即使遇到险阻，只要想到自己的目标，就会增添无限的动力。

挺拔的灵魂

一个有治学信仰的人，即使在肉体上遭受了折磨，也不会放弃自己的事业。有治学信仰的人，有着挺拔的灵魂。

霍金是英国著名的物理学家。他在21岁的时候患上了萎缩性脊髓侧索硬化症，患上这种病的人常在病后3年至5年内死去，霍金却奇迹般地活了下来。在患病之后，霍金越发意识到时间的宝贵，他更加珍惜生命，把精力都放在了科学研究中。随着病情的加重，霍金的肌肉逐渐萎缩，走路变得困难起来，最终只能以轮椅代步；大部分手指失去了活动的能力，只有两个还能活动。1985年，他患上了肺炎，治疗时切开了气管，又失去了说话的功能。霍金的轮椅上安装了电脑和语音合成器，他用仅有的两个完好的手指在键盘上敲出要说的词，组成相应的句子，经过语音合成器发出声音来。他就用这个办法进行学术交流，做学术报告。在饱受病痛折磨的情况下，霍金对宇宙的黑洞进行了突破性的研究，写了《时间简史》。霍金本人被誉为是“宇宙之王”。霍金的身体是残缺的，但他有着挺拔的灵魂。他的力量来自于他对学术的热爱。

司马迁是我国著名的史学家，他的父亲是太史令，在父亲的影响下，司马迁立志要写一部史学著作。他从20岁开始游历我国各地的名山大川，考察历史遗迹，查阅了大量的资料，为《史记》的创作打下了良好的史学基础。公元前99年，正当司马迁全身心地撰写《史记》之时却遭遇了巨大的灾难：将军李陵率领五千人与匈奴作战，兵败被俘，投降了匈奴。汉武帝大怒，朝臣们也都在谴责李陵贪生怕死，辜负皇恩。汉武帝问起太史令司马迁的意见，司马迁说：“李陵带去的步兵不满五千，他深入到敌人的腹地，打击了几万敌人。虽然打了败仗，可是杀了这么多敌人，也可以向天下人交代了。李陵不肯马上去死，准有他的主意。他一定还想将功赎罪来报答陛下。” 武帝听了，认为司马迁为李陵辩护，就把司马迁投到了监狱中。司马迁后来被判处死刑，根据当时的法律，如果司马迁交一定数额的金钱或者接受宫刑就可以免除死刑，但是司马迁家中贫困，交不起这笔钱，他的朋友也没有出手相救，司马迁只有接受了宫刑，这对司马迁来说是极大的屈辱。在历史上，宦官历来都是被人瞧不起的。司马迁多次想到要自杀，但他想到自己写书的愿望还没有完成，就活了下来，忍受屈辱写成了《史记》。司马迁治学的信仰让他更为强大，可以忍受一切屈辱和困苦。

治学信仰是一颗让内心强大的种子。生活很难一帆风顺，总会有这样或那样的挫折。一个有治学信仰的人，即使面对再多的困难，也依然屹立。即使前方风雨兼程，他也不会退缩。治学的信仰是一种精神的力量，这种力量是巨大的，超越了物质，超越了名利，直达一个人的灵魂。

·6·
为人为学惜秒阴

一本书我若能读半部，决不读全部，若能从一页或一段得其乐，决不读半部；若能读一行或一句而得其乐，决不读整段。这样就足够了。

——林语堂

人生不过短暂百年，如白驹过隙，如电光火闪，如一叶小舟在海上漂浮，只能在沉沉浮浮中掌好人生的双桨，所以人生需要且行且珍惜。如果一个人随意浪费时间，说明他还不懂得生命的价值，不懂得时间的宝贵。因此要真正了解一个人，只要看他怎样利用闲暇时光就可以了。

为人需珍惜光阴

历数古今中外一切有大建树者，无一不惜时如金。古书《淮南子》有云：“圣人不贵尺之璧，而重寸之阴。”汉乐府《长歌行》这样描述时间："百川东到海，何时复西归？少壮不努力，老大徒伤悲。"陶渊明也有惜时诗："盛年不重来，一日难再晨，及时当勉励，岁月不待人。"唐末王贞白《白鹿洞》诗中更有"一寸光阴一寸金"的妙喻。法国作家巴尔扎克把时间比作资本。德国诗人歌德把时间看成是自己的财产。法拉第中年以后，为了节省时间，把整个身心都用在科学创造上，严格控制自己，拒绝参加一切与科学无关的活动，甚至辞去皇家学院主席的职务。居里夫人为了不使来访者拖延拜访的时间，会客室里从来不放坐椅。76岁的爱因斯坦病倒了，有位老朋友问他想要什么东西，他说，"我只希望还有若干小时的时间，让我把一些稿子整理好"。

很多人羡慕美国、日本富裕先进的物质生活。却不知道这些成就都是用时间换来的。早在美国还没独立时，美国启蒙运动的开创者和独立运动的领导人之一富兰克林就在他编撰的《致富之路》一书中收入了两句掷地有声的格言："时间就是生命"和"时间就是金钱"。珍惜时间、追求效率，这也几乎成为美国人的行事习惯。20世纪90年代初，中国辽宁青年参观团在日本出席一个会议，出国前团长准备了厚厚一叠发言稿，可是当时主办方的日方官员递上的会序表却写着："中方发言时间：10点17分20秒至18分20秒。"很显然，发言时间仅为一分钟。这在那些"一杯茶水一支烟，一张报纸看半天"的人看来，完全不可思议，而在日本却极为常见。日本从工人到学者，时间观念都非常强。他们考核岗位工人称不称职的基本标准就是能否在单位时间内保证质量，时间一般精确到秒。

时间，对每个人都是公平的。鲁迅先生说："每个人每天得到的都是二十四小时，可是一天的时间给勤勉的人带来聪明和气力，给懒散的人只留下一片悔恨。"

人生在世不容易，时间是最宝贵的财产，浪费了便不会再来。所以，要珍惜时间，珍惜生命中的每一分钟，从身边的每一件小事做起，脚踏实地的去积累，才能走向成功。

治学从珍惜时间做起

林语堂先生在《生活的艺术》中提出，读书并不需要什么合适的时间和地点，只要愿意，随便什么地方都可以读书。这句话讲的是要懂得利用好零碎的时间来读书，鲁迅就曾经讲过他自己之所以比一般人懂得多，就是因为他把别人喝咖啡聊天的时间都用在了做学问上。鲁迅先生有超过常人的敏锐和智力，但是他还是把自己能够比别人做得好的原因归在时间的利用上。我们大部分人的天资在本质上并没有太大的差距，但是懂得利用好时间的人，就相当于拥有了比别人更多的时间，在别人虚度光阴的时候悄然超越了他们。

欧阳修讲读书有“三上”之说：床上，马上，厕上，就是他把别人没有注意到的零碎时间都利用起来，如此日积月累下来阅读量自然超出常人，知识的积淀也非常人能比，靠着渊博的学识，欧阳修才成为了一代文豪和伟大的史学家。一个人要是想潜心读书的话，就应该无论整块时间还是细碎时间，都把最值得读的书捧在手中，不轻易浪费宝贵的一分一秒，

生命是美丽的，而我们热爱生命最好的、最有效的方式就是珍惜生命中的分分秒秒，不轻易浪费一点点时间。当我们有一丝一毫放松的念头的时候，就应该想想如果自己松懈下来了就可能会被竞争者所超越，在这样的鞭策之下才能真正珍视时间，才能切实把握点点滴滴的时间。盛年不再来，一日难再晨，生命的价值不是本来就有的，而是通过不懈的努力才获得的，不懂得珍惜时间的人如果在如白驹过隙的时间中迷失了自己，最终将一事无成而懊恼不已。过去的一切无法追回，将来如何又无法预料，我们所能做的只有把握好现在。生命的王者一定是时间的驾驭者，被时间掌控和驾驭的人终将成为过去的奴隶，只有时间的主人才能赢得未来。

·7·
举一反三，触类旁通

读书的人常会被携带到一个思考和熟虑的世界里边去．即使是一篇描写实事的文章，但躬亲其事和从书中读到事情的经过，其间也有很大的不同点。因为这种实事一经描写到书中之后便成为一幅景物，而读者便成为一个脱身是非、真正的旁观者了。

——林语堂

“至圣先师”孔子对他的学生说：“举一隅，不以三隅反，则不复也。”意思是说，我举出一个墙角，你们应该要能灵活地推想到另外三个墙角，如果不能的话，我也不会再教你们了。后来这则典故演化成了“举一反三”这一成语，来指思维上的变通和拒绝墨守成规。林语堂先生贯通中西文化，在教学中对“举一反三”这一点也是十分强调的。

触类旁通，不墨守成规

所谓“尽信书则不如无书”。书本上的知识是前人在探索世界时总结出的直接经验，对于学习者来说则是一种间接经验。学习和继承前人的成果，确实可以让我们少走很多弯路，但若想知识真正成为事业的推动器，我们就必须摒除只重理论不注重实际运用的错误做法。要从有限的书本知识中学到更多，最重要的是以点带面，懂得触类旁通。

举例来说，林语堂作为英文老师是非常别具一格的。薛光前在《我的英文老师》一文中回忆道：语堂先生教英文，有他一套特别的教授法，与众不同。但功效之宏，难以设想。

“我们同班的同学，共约一百二十余人。林语堂先生教的英文，从不用呆板或填鸭的方式，教学生死读死背。上课时，总是笑颜常开，笑话连篇。从不正襟危坐，有时坐在椅子上，双脚放在桌上，边讲边谈，幽默百出，使同学情绪轻松，大家乐之不倦。因为这是英文课，增进同学的理解和会话能力，他总以英文讲解。采用的校本是‘新闻文选’。就是报章杂志上刊登过的著名评论或记载，既生动，又有趣，更可实用。讲解时，从不一句或一段地注射式灌输。往往选择几个意义似同而实不相同的英文词汇来详细比较演释。譬如：中文的‘笑’字，在英文中有许多字汇。例如大笑、微笑、假笑、痴笑、苦笑等等。‘哭’字也有种种不同的字汇，有大哭、假哭、饮泣、哀泣等等。诸如此类，他会一一指出异同，并由同学当场造句或课外作习题。像这样活泼生动的教法，能使同学充分自由思索，举一反三，触类旁通，受益无穷。”

从林先生的教学故事来看，他十分鄙夷填鸭式的灌输教学，倡导让学生真正理解知识，更重要的是懂得贯通一个知识体系下的不同知识脉络，懂得举一反三，而不是教什么背什么、背什么会什么的僵死的教学模式。

举一反三，发现读书之趣

举一反三和发现读书的趣味是一个相辅相成的关系：一个人认识到读书是一件有趣味的事情，才会想要有更大的知识面和阅读量，才能有动力拓宽思维举一反三；同样，一个人破除墨守成规的习惯而能够一举反三的时候，就能真正体会到阅读的乐趣，这样才能真正把读书变成一件乐事。

林语堂先生在谈到读书和学习的时候，说到有一种知其然而不知其所以然的行为动机，叫做“趣”。他认为人生快事莫如“趣”，而且凡在学问上有成就的，都由“趣”字得来。有人探险南极北极或登喜马拉雅山、去人迹未到之地，不是为慕名，若是只为图个虚名。遇到冰天雪地，凉风刺骨一刮，早就想“不如回家”吧。就是被一种好奇心驱使，才不愿轻易放弃。所有科学的进步，都在乎这好奇心。好奇心，就是趣。科学发明，就是靠这个趣字而已。只这趣字，是有益身心的。人生必有痴，必有偏好痛嗜。有所偏好，才会想着深挖其中的奥秘。

林语堂先生谈到：“青年人读书，最难是动了灵机，能够知趣。灵机一动，读书之趣就来了。”现代的青年人十分无奈，因为接受的是一种考试取分数的机械教育，一个人的灵感和灵机很容易被淹没。林语堂先生讲述他有一次曾问徐志摩在美国念什么书？徐志摩回答说：“在克拉克大学念心理学。就是按钟点，摇铃上课、摇铃下课，念了什么书！后来到剑桥，书才念通了。”剑桥的教育是这样的，导师一周请自己的学生一次到家里谈学问。就是靠一枝烟斗，一直向学生冒烟，一直逼问学生，直到把学生的灵魂逼出火花来。“听君一夕话，胜读十年书”，因为在和导师的谈话中学生会被迫反思自己的学问，跳出死读书的狭窄视角。我们常说的“灵犀一点通”并不是一件很容易的事，所谓的“通”就是要跳出狭窄的思考范围。禅师有时只敲一下头，学生深思一下，就顿然妙悟了。现代的机械教育，总不肯学思并重，不肯叫人举一反三，所以永远教不出什么来。

林语堂先生举例说，“顾千里裸体读经，真知读书之趣的。”读书论钟点，看几行就瞄一眼钟表，生怕自己花在阅读上的时间太多，真是无可奈何的事。他还说到，李考克论大学教育文中，问过第四年级某位学生今年选什么课。那位学生回答说他选“捐客术”及“宗教”两课，每周共6小时。因为他只欠这6小时就可拿到文凭。林语堂先生认为“捐客术”及“宗教”同时选读，实在妙。但是这6小时添上去，这位学生即便拿到了毕业证，也不会增加什么大学问。所以读书而论钟点，计时治学，永远成不了器。今天能做大学问的的人，都是于书无所不窥，或违背校规，被中偷看（水浒）、偷看（三国）而来的，从来都是因为学习废寝忘食，从来没有生怕自己多学了一分一秒的。学习一定要达到废寝忘餐的程度，而后才能有成就。真正的举一反三，靠的不是死读书，不是“贝多芬”（背多分），而是真真正正地发掘和发现读书的乐趣，并把整个身心沉浸其中。

人要是只懂得规规矩矩地读书，而不会举一反三、触类旁通，那就只能被禁锢在极其狭窄的小圈子当中，永远走不出去，只有拓宽自己的思维，让自己带着那么一点有趣好玩的心态进入书的境界，才能真正把知识之间的疆界打通，不囿于知识的一个点，而是进入一片触类旁通的广阔境界。

·8·
要鉴赏美，更要鉴赏知识

一个读者如能从书中得到它的味道，他便会在谈吐中显露出来。他的谈吐如有味，则他的著作中便也自然会富有滋味。因此，我以为味道乃是读书的关键，而这个味道因此也必然是各有所嗜的，如人对于食物一般。

——林语堂

林语堂先生在《知识的判断力》一文中提出，知识的世界鱼龙混杂，如果想在其中畅游，学习者就要像鉴赏美一样学习如何用慧眼辨别知识的好坏和优劣，在接受知识之前先进行理性的分析和判断，这样才能习得真知，而不是伪知识甚至是有害的知识。

鉴赏知识，独立判断

林语堂先生说过，有教养的人或受过理想教育的人，不一定是个博学的人，但却是一个知道何所爱、何所恶的人，我们把这个叫作鉴赏力，有鉴赏力便有风雅。一个人必须能够寻根究底，必须具有独立的判断力，不被任何社会学的、政治学的、文学的、艺术的、或学究的话语吓倒，才能够有鉴赏力或见识。成人的生活无疑地被许多胡说和骗人的东西所包围，名誉的胡说、财富的胡说、爱国的胡说、政治的胡说、宗教的胡说，以及骗人的诗人、骗人的艺术家、骗人的独裁者、骗人的心理学家等等。比如说我们会听到这样的言论：精神分析学家跟我们说，一个人儿童时代的肠胃功能的活动，对于后来生活上的野心、进取心、责任心，有着切实的关系，如果是有见识的人听见这种话的时候，就会一笑置之；但是没有见识的人可能会深信不疑。一个人做错了事，便是错了，也用不着拿出伟大的名誉以威压人，也用不着说曾读过许多人们不曾读过的书以恐吓人。一个人如果没有知识上的鉴赏力，就容易被这种表面上的知识权威给吓倒，而去接受一些煞有介事，实际上纯属胡说八道的伪知识，这样人的心灵会逐渐被闭塞住，这是十分可悲的。

见识和胆量是有密切关系的，中国人往往把识和胆连在一起，胆量或独立的判断是人类一种多么难得的美德。一切有特殊建树的思想家和著作家，在幼年时代都有这种智能上的胆量或独立性。这种人如果不喜欢一个诗人，便表示不喜欢，纵使那个诗人是当时最有声望的诗人；当他确实喜欢一个诗人时，他便能够说出喜欢他的理由来，因为这是他的内心判断的结果。这就是所谓文学上的鉴赏力。如果当时盛行的绘画学派的主张，使他的艺术本能感觉不快，他也会加以反对。这就是艺术上的鉴赏力。一种流行的哲学理论或时髦的观念，纵使得到了一些最伟大的人物的赞助，他也会表示漠然的态度。他要等到自己心悦诚服，才愿相信一个作家的话；

如果一个作家能使他信服，那个作家便是对的，可是如果那个作家不能使他信服，那么，他自己是对的，而那个作家是错的。这就是知识上的鉴赏力。这种智能上的胆量或独立的判断无疑地需要相当孩子气的、天真的自信力。一个研究者一旦放弃了个人判断的权利，便只好接受他人的一切胡说了。

学而不思则罔

孔子似乎觉得学而不思比思而不学更为危险，他说："学而不思则罔，思而不学则殆。"他在当时一定看见过许多学而不思的学生，所以才提出这个警告。而这个警告正是现代学校里极为需要的。现代教育和现代学校制度说是鼓励学生求学问，但是事实上却是被分数驱动着，鼓励学生争取更高的名次，以提高学校的声誉。应试教育所忽略的，不仅仅有真学问，还有学生的鉴别力，好像大量的学问便能够造成一个有教养的人一样。学校不鼓励独立思考，只以标准答案为不可辩驳的权威，培养出来的学生会是什么样子的呢？教育制度为什么把追求学问的快乐，歪曲而成鼓励填鸭式、机械式的，千篇一律的，被动的工作呢？为什么比较注重学问而不注重思想呢？分数和文凭在学生们心中为什么会掩盖了教育的真目的而取代了学习知识的真正乐趣呢？

比方说，在现代应试教育的压力之下，很多学生埋头啃课本做练习册，只为把自己的分数一步步往上提，而不在于自己是否真的学到了知识，得到了启发。学习语文最重要的不是欣赏文学作品，而是学会如何概括段意；不是学如何"我手写我心"，而是学习一定的作文套路写出中规中矩的八股文；学习数学不是学如何用理性思维思考和解决问题，而是学习解题的套路和背诵解题方法；学习英语不是为了更好地用外语交流和阅读，而是学会做英语的阅读理解。去探究这样的不合理教育和考试制度为什么会建立起来，目前对于问题的解决并无益处。无论制度上有什么硬性的要求，我们都可以确定知识上的追求和独立的思考都是不应该放弃的。我们必须放弃“知识可以衡量”的观念。庄子说得好：“吾生也有涯，而知也无涯。”知识的追求终究就像探索新大陆一样，或如佛朗士所说“灵魂的冒险”一样。一个虚怀若谷的、好奇的、充满冒险精神的心智如果始终保持着探索的精神，那么知识的追求就会成为欢乐的事情，而不会变成痛苦的工作。一个真心想要追求真知的人必须放弃那种千篇一律的，被动的填塞见闻的方法，而实现这种积极的、有真正价值的理想，在这个过程中文凭和分数只是点缀品。知识的追求本身就是积极的活动，因为学生至少应弄清楚自己为什么要读书。知识的追求是一个人自己的事情，与别人无关。许多好学生认为自己是为他们的父母、教师、或未来的妻子而读书，想要报答出钱给他们读大学的父母，或是不想让自己的恩师失望，或希望毕业后可以得到较高的薪水以养家。在林语堂先生看来，这些功利的想法都是不值得提倡的，知识的追求应该成为一个人自己的事情，与别人无关，一个人应该从自己的内心生发出来对读书的热爱和追求，只有这样，教育才能够成为一件积极的、欢乐的事情。

美的鉴赏可以用肉眼可见，但是知识的鉴赏并非是肉眼可见的，而是需要一个人在不断的独立思考中培养思考的能力和敢于和别人发表不同意见的努力，这是一个人成为严肃的思想者的真正起步。

·9·

读书的艺术：走入思想与反省的境界

一个人在不同的时候读同一部书，可以得到不同的滋味。……一个人在四十岁时读《易经》所得的滋味，必和在五十岁人生阅历更丰富时读它所得的滋味不同。所以将一本书重读一遍，也是有益的，并也可以从而得到新的快乐。

——林语堂

林语堂先生在《读书的艺术》一文中谈道："以时间和空间而言，是受着他眼前的世界所禁锢的。可是当他拿起一本书的时候，他立刻走进一个不同的世界；如果那是一本好书，他便立刻接触到世界上一个最健谈的人。这个谈话者引导他前进，带他到一个不同的国度或不同的时代，或者对他发泄一些私人的悔恨，或者跟他讨论一些他从来不知道的学问或生活问题。"这是因为一个人如果只是沉浸在自己的思想空间中，很容易走进封闭，而只有通过阅读和伟大的心灵对话，才能找到一个宣泄口或者一架向上攀登的梯子。

与古人对话，进入默思的境界

林语堂先生在《读书的艺术》中曾以妙语谈论读书带人进入的神奇的境界："读者往往被书籍带进一个思想和反省的境界里去。纵使那是一本关于现实事情的书，亲眼看见那些事情或亲历其境，和在书中读到那些事情，其间也有不同的地方，因为在书本里所叙述的事情往往变成一片景象，而读者也变成一个冷眼旁观的人。所以，最好的读物是那种能够带我们到这种沉思的心境里去的读物，而不是那种仅在报告事情的始末的读物。我认为人们花费大量的时间去阅读报纸，并不是读书，因为一般阅报者大抵只注意到事件发生或经过的情形的报告，完全没有沉思默想的价值。”

书的世界是与现实相分隔的，不管一本书有多么贴近现实，即使是完全根据现实创作的，读者直接接触的毕竟还是文字和语句，而不是具有视觉冲击力的画面，因此这个过程也是在读者的意识中重建和想象一个虚拟的世界的过程。林语堂先生还提出读者是冷眼旁观的角色，这是十分恰当的，因为读者不是事件的参与者和经历者，所以能以一种冷静理性的沉默思考的态度来面对文本，并能从中有所收获。正是在这个意义上，林语堂先生认为报纸杂志的阅读是称不上有价值的，因为它们不能把人带进默思的境界，而是像快餐一样给人以饱腹的错觉，实际上不能提供充足的营养。

反省自身，认识自己

林语堂先生认为不同的人有着不同的读书嗜好，世间没有哪本书是每一个人都必须要读的。因为人的智能上的趣味像一棵树那样生长着，或像河水那样流淌着。只要有充足的营养液，树就会生长起来；只要泉眼中有新鲜的泉水涌出来，水便会流动。当水流碰到一个花岗岩石时，便由岩石的旁边绕过去；当水流涌到一片低洼的溪谷时，便在那边曲曲折折地流动；当水流涌到一个深山的池塘时，这股水流便会恬然停留；当水流冲下急流时，它便赶快向前涌去。阅读无论是容易还是艰难，都有其中的趣味，或是愉悦，或是受到了挑战。虽然这股阅读的水流没有费什么气力，也没有一定的目标，可是它终究有一天会到达大海。因此，读书也是一个人不断发现自己生命本真的爱好的过程，从中汲取生命真正的力量和智慧，并认识到自己的趣味取向甚至是天赋所在的过程。

世上无人人必读的书，只有在某时某地、某种环境和生命中的某个时期必读的书。林语堂先生认为读书和婚姻一样，是命运注定的或阴阳注定的。纵使某一本书，如《圣经》之类，是人人必读的，读这种书也有一定的时候。当一个人的思想和经验还没有达到阅读一本杰作的程度时，那本杰作只会留下不好的滋味。

比如说，孔子是一个饱读诗书的人，但是他强调的不是拿起一本书就埋头苦读，而是在不同的阶段要有不同的阅读目的和方向。孔子曰："五十以学《易》。"45岁时尚不可读《易经》，一定要等到50岁才可以读易经。这是因为易经中的智慧是一种属于老年人的睿智圆融的智慧，年轻的时候去读可能是为了猎奇，而不能真正理解，只有当人生阅历积累到一定程度之后才能真正理解天人之变和命运之规律，才能走进易经的世界。孔子在《论语》中的训言的冲淡温和的味道，以及他的成熟的智慧，也是非到读者自己成熟的时候是不能欣赏的。

林语堂先生指出："且同一本书，同一读者，一时可读出一时之味道来。"他举他自己的阅读经历为例子，说读书好像是看一张名人相片或是读名人文章，未曾见面的时候，是一种味道，见了面交谈之后，再看他的相片或读他的文章，自有另外一层深切的理会。40岁学《易经》是一种味道，到50岁以后，看过更多的人世变故的时候再去学《易经》，又是一种味道。所以，林语堂先生认为一切好书重读起来都可以获得新的益处和新乐趣。他讲述自己的阅读经历，"我在大学的时代被学校强迫去读《西行记》和《亨利埃士蒙》，可是我在十余岁时候虽能欣赏《西行记》的好处，《亨利埃士蒙》的真滋味却完全体会不到，后来渐渐回想起来，才疑心该书中的风味一定比我当时所能欣赏的还要丰富得多"。由此可知，一个人在不断的阅读和自我丰富当中，也在体悟和感受生命的流动和变迁，从同一本书在不同年龄段的阅读中的不同体验，我们可以窥见一个人不同的生命历程中的心境和精神状态上的差别。

林语堂先生说读书中有一种真乐趣，而这种乐趣不仅仅在于和古人的思维碰撞，更在于在阅读的过程中进入灵魂的安静默思状态，并在别人的文字当中反思自己的生命历程，在这样一个具有宗教仪式感的过程中不断使自己得到净化和升华。

NO.8

所谓人情世故，一半儿在说话里

——林语堂谈说话的艺术

说话并不是一件容易的事。天天说话，不见得就会说话；许多人说了一辈子话，没有说好过几句话。

人生不外言动，除了动就只有言，所谓人情世故，一半儿是在说话里。急事慢慢地说；大事清楚地说；小事幽默地说。遇到急事，大家都紧张，慢些说别人才听得清楚，理得清头绪，否则会误事。谈大事不要轻描淡写，而要慎重、清楚地表达，才会引起重视。至于小事，尤其是别人的小过失，以幽默的方式说才不伤感情。

·1·
先赞誉，后劝导

一个明显的谎语，倘用了优美的形式说出来，也可以受到赞美。

——林语堂

在日常生活中，我们经常会遇到要劝导别人的时候，有的人态度比较直接，可能会直接以批评对方来达到规劝的目的；有的人则比较委婉，通过间接的方式来规劝。这两种方式产生的效果也截然不同。林语堂先生一直讲究说话的艺术，正如《论语》所讲：“（君子）信而后谏，未信以为谤己也。”在规劝别人前，先来给人家一番赞誉，使人先尝一些甜，然后再说上一些规劝的话，这样才能让对方心服口服，如果直接规劝只会让人更加抵触反感。

不要忽略赞美的力量

林语堂先生一直认为，学会赞美别人才是真正的说话之道，一句话可以把别人说“笑”，也能把别人说“跳”。有些人喜欢赞美鼓励人，有些人却喜欢批评讽刺人。喜欢赞美别人的人，往往都有着很好的人际关系；而喜欢贬低别人的人，则容易被人疏远，不利于人际关系的发展。所以，在为人处事中不要忽略赞美的力量，赞美是打开沟通之门的一把钥匙。

有这样一则寓言故事：有甲乙两个猎人，他们每个人都打到了两只兔子回家。猎人甲的妻子看见后立刻批评道："一天到晚才打到两只小野兔，你真是没用!"猎人甲听后心里非常伤心，不由得埋怨起妻子，你以为能打到兔子很容易吗!于是，第二天他故意空手而归，让妻子知道打猎是件不容易的事情。

猎人乙却恰恰相反，他的妻子看到他带回了两只兔子，立刻就赞美道："一天打到两只兔子，你真的很棒!"猎人乙听了满心喜悦，受到鼓励的他第二天干劲十足，不到半天就打到了4只野兔。

两句不同的话产生了完全不同的效果，这就是赞美的力量，赞美能满足人的自尊心和荣誉感，赞美可以缩短人与人之间的距离，甚至能鼓励对方主动挑战自己，努力朝你赞许的方向去努力。

美国心理学家罗森塔尔和雅各布森做过一个关于"赞美"的有趣的试验，他们在一所小学里随机挑选了3个班级的一些同学，并把挑选到的学生列入了最有发展潜力的名单中进行公开表扬。让人意料的是，8个月后他们又来到这所学校进行复试，出现了令人惊喜的结果：名单上随机选择到的学生每个人的成绩都有了惊人的进步。不仅如此，这些学生的性格也变得更加开朗自信，更愿意与人沟通交流。

通过这个试验可以看到，赞美具有强大的力量，就像是风对于帆、雨水对于种子，赞美可带给人极大的精神鼓励，带给人希望和动力。但赞美时也要掌握技巧，赞美首先应该是真心实意、诚恳坦率的，如果赞美过于滑头，看起来虚情假意，反倒会招来更多的反感。赞美别人体现的是一种修养、一种美德，赠人玫瑰，手留余香，何乐而不为呢?

劝导别人要学会欲抑先扬

俗语曰："忠言逆耳。"喜欢赞美是天性，抗拒批评也可谓人的本能。在劝导别人时，如果过于直接会让人心生不快，不仅达不到规劝的目的，可能还会让沟通陷入僵局。因此，在劝导别人时应该用迂回婉转的方式进行，可以让原本硬梆梆的直接劝说变得温和，这样的做法更容易让“忠言”顺耳，让劝导更加有力，更加深入人心。

《五代史·伶官传》中记载，后唐庄宗有一次外出狩猎，排场之大，肆意践踏老百姓的庄稼，当地的县令于心不忍便跪在庄宗马前为民请命，请求庄宗停止打猎。庄宗听后勃然大怒，立刻叫人关押县令并准备处死他。

庄宗身旁的大臣敬新磨见状，先是上前夸赞庄宗身手矫健，风采依旧，让庄宗喜上眉梢，然后他叫人把县令抓到庄宗马前说道：“皇上，这个县令擅自闯入的确罪不可赦啊，但是您会因此失去一个忠臣啊！这个县令是心系百姓才会这样鲁莽，其实也是为了您的江山着想啊，老百姓的庄稼遭到破坏，他们没有了粮食只会对您产生怨恨啊！您应该为有这样一个耿直为民的忠臣而欢喜啊！”

庄宗听罢，也觉得县令是一个好官，同时，也认识到了自己的过失，于是把县令放了。

县令貌似为民请命固然可敬，但是过于直接的谏言不仅让庄宗听不进去，甚至恼羞成怒，反而给自己招来了杀身之祸。敬新磨先是委婉批评县令，以此调节庄宗心情，然后通过循循善诱的分析让庄宗认识到自己的过错，更是救了县令一命。

由此可见，成功的劝导需要高超的技巧和智慧。在劝导别人时，硬碰硬只会在无意间触动他人的自尊，从而火上浇油，弄巧成拙。要想劝导成功，除了言之有理之外，还要求方法正确、巧妙，如巧用幽默，丝丝入扣，娓娓道来，则更能深入人心。

柯立芝在任美国总统期间，他的女秘书粗心马虎，在抄写东西时经常忘记写标点符号。柯立芝想批评女秘书办事不严谨，但是又怕伤害到她的自尊。一天，女秘书将文件拿给柯立芝审批，文件中照旧出现了缺少标点符号的问题，柯立芝并没有立刻责备，而是认真看了看女秘书夸赞道：“你今天穿的衣服真漂亮，再加上你人本来就长得漂亮，现在简直是美若天仙了。”女秘书听后自然感到非常高兴，因为能得到沉默寡言的柯立芝的表扬非常不易。但是她喜悦的心情还没有完全褪去，只见柯立芝话锋一转，又说：“文件跟穿衣打扮一样，如果缺少了标点符号，就会变得非常不漂亮。”秘书红了脸，意识到了自己的问题，并感激于柯立芝的批评方式，后来下定决心改掉了粗心马虎的问题。

在日常生活中，我们经常会发现有些人在批评对方时往往直接指出对方的缺点，以为忠言逆耳，实际效果却使得对方心里不舒服；但是如果先赞扬对方的某些长处，效果可能就大不一样了，往往能让被批评方心服口服，心里住住会好受得多，也不会对你产生抵触情绪。这就是欲抑先扬的批评方式所带来的效果。

·2·
态度要温雅，言语要委婉

方外不必戒酒，但须戒俗；红裙不必通文，但须得趣。厌催租之败意，丞宜早完粮；喜老衲之谈禅，难免常常布施。

——林语堂

一个人所说的语言实际上就是心灵的体现。林语堂先生曾说，有什么样的心灵，就会有什么样的语言和行为。说话态度恶劣无礼的人，势必会招来诸多不满，甚至是怨恨。在与人沟通时，多一份相互关怀和理解，让语言更加柔和与委婉，让人思而得之，这样才会具有吸引力和感染力，达到说话的最佳效果，也会让自己充满人格魅力，让人际关系更加和谐。

柔和委婉，让人更容易接受

林语堂先生与人交流总是和颜悦色，言语柔和委婉，处处体现出关怀和理解，走到哪里都能得到大家的尊重。其实，在与人谈话时，不一定要直陈本意，可以用含蓄的词汇进行烘托暗示，让人思而得之，这样才更有吸引力和感染力。

委婉含蓄的表达比口无遮拦、直言不讳更能体现人的语言修养。

如果一个服务人员在向顾客介绍衣服的时候，说："您的脸型太大所以适合穿圆领衣服"，"您的腿太粗最好穿宽松的裤子"。这样恐怕只会让客户甩手就走吧。若是换一种说法："您看，您穿上这种圆领是不是会更漂亮呢？"或者说 "这种款式可以修饰身形，让您的双腿看起来更加修长，使整体匀称又不失成熟美"，效果明显好了许多。虽然前后表达的意思相同，但后者委婉而又礼貌，使人听起来轻松自在，倍感尊重，更容易让人接受。

《论语》中有这样一句话："质胜文则野。"意思是说：太质朴、太直接，就难免显得粗野。粗野不为人喜爱，是不利于人际交往的。据说有一次孔子去请教老子，老子张嘴问："你看我的牙齿怎样？"孔子说："老师的牙齿都脱落了。"老子又问："你看我的舌头怎样？"孔子说："老师的舌头是好好的。"说完就退了出来。孔子的随员莫名其妙。孔子说："老师已经明白告诉我了，柔弱的东西生命力更加长久。比如柔弱的舌头就比刚强的牙齿长存。老师的意思是柔弱胜刚强。"所以，儒家哲学把"和"看作宇宙万物的共同属性，万事万物以"和"为贵。"和"是和谐，在言语上表现为讲究委婉含蓄。

直言快语固然能让人感觉爽快，但是委婉含蓄的语言，不仅是劝说他人的法宝，更能让对方产生共鸣。说话委婉含蓄体现的是一个人的修养，表现出了语言的魅力，能体现出一个人驾驭语言的能力。委婉并不是太有心机，也不是故意遮遮掩掩绕弯子，而是一种对交谈对象的尊重和体贴，体现的是一个人的成熟风范。

直话曲说，给人留有余地

说话是一门艺术，直话要懂得曲着说，如果一张嘴就是直言拂意，让别人听着背若芒刺、如坐针毡，事情很容易搞砸。林语堂先生的说话之道就在于，要学会“事缓则圆”，讲究“曲则全”，直话曲说，多给对方留余地，就能收到春风化雨、润物无声的功效。

战国时期，秦国趁赵国政权交替之机，大举攻赵，赵国形势危急，向齐国求援。齐国同意救援，但要求赵威后的小儿子长安君为人质，才肯出兵。赵威后溺爱长安君，扬言谁要再劝她送小儿子当人质，她就要吐谁一脸唾沫。老臣触龙深谙直话曲说之道，他前去拜见赵威后，但并没有开门见山直接触及这个敏感点，而是先和太后聊了聊家长里短，让太后放松了紧绷的神经。后来围绕着可怜天下父母心这个话题，从自身经历说起，最后对太后晓之以理、动之以情、诱之以利，让太后明白望子成龙应该让儿子去接受磨练。最后，太后醒悟，答应派长安君去当人质，换取齐国出兵救赵。

直话曲说不是圆滑，而是一种智慧。不管话题绕得多么远，一样可以达到目的，在某些特定的场合，如果把话说得太直、太透，很容易引起对方的不满，或者对自己产生不利的影响。但意思又不能不表达，所以说话转个弯儿，在表达自己的意见的同时，也为自己留了余地。

英国首相丘吉尔和夫人克莱门蒂娜一同出席宴会。席间，细心的女主人发现其中一名宾客将一把非常精致贵重的小银勺偷偷塞入怀中，女主人非常生气，因为这个小银勺是她的心爱之物，属于价值连城的古董。女主人情急之下求助于丘吉尔的夫人克莱门蒂娜，丘吉尔夫人略加思索，向丈夫耳语一番。只见丘吉尔微笑着点点头，随即用餐巾作掩护，也偷偷拿了一把同样的小银勺，然后走近那位贵宾，很神秘地掏出口袋里的小银勺说："我也拿了同样的小银勺，不过已经弄脏了我们的衣服，应该把它放回去了。"贵宾明白了丘吉尔的意思，将小银勺放回了原处。丘吉尔的委婉表达，既让主人没有失去心爱之物，又照顾了宾客的面子，可谓一举两得。因此，将要表达之意寓于其他话语中，而不能做所谓的"直肠子"，如果有一说一、有二说二，快人快语，则很难取得良好的效果，甚至会适得其反。

在与人沟通的时候，过于直接的语言除了让人不舒服之外，还会让人觉得自己的尊严受到侵犯，无形之中会给人际交往带来隔阂。所以，与人沟通，不管是上对下，或是下对上，还是平级之间，说话时善于迂回曲折，让听的人有思考、斟酌的时间，就能够达到"事缓则圆"的双赢结局。

·3·
黑着脸不好，嬉皮笑脸也不行

一个好的学者，到了该骂人的时候也是要骂的，在如此多事之秋和黑暗透顶的政治底下，从来不骂人的学者一定不是好学者。

——林语堂

有的人认为黑着脸说话更容易说服别人，这是错误的。往往大多数情况下，硬碰硬只会造成反效果。有这样一句格言："一滴蜜汁比一加仑的胆汁更能吸引苍蝇。" 林语堂先生说过，凡人抵不过三句软话，其实就是指要学会温和地说话，故意表现出一种谦让的姿态。与其说这是一种退让，不如说这是以和颜悦色的态度来软化对方的防卫，说软话办硬事，这才是聪明人的做法。

和颜悦色，以柔克刚

俗话说："一句话能把人说跳，一句话也能把人说笑。"事实上，能把人说"跳"的语言最容易，而要把"跳"的人说笑了，那才叫难。一般来说，人们往往尊敬说话温和的人，说话温和可以使对方以相同的态度回报。柔和的语言，在遣词造句，声调语气上都有一些特殊要求，比如在交谈中应注意使用谦敬词、礼貌用语和赞美词，以表示尊重对方的感情和人格，引起好感。

卡耐基有一条非常喜爱的小猎狗，每天他都要带着它去公园散步。有一天，一位警察拦住了卡耐基并告诫他小狗外出要按照规定系上链子和戴上口罩。卡耐基毕恭毕敬地答应了。刚开始的几天，卡耐基都按照警察的要求去做，但是过了一段时间后，他觉得麻烦，便取掉了口罩和链子，结果又被警察逮到了。警察非常生气，大声呵斥卡耐基。卡耐基自知理亏，并没有争论，主动赔罪说："警官先生，这下您可当场逮到我了。我有罪，我没有托辞，没有借口。您警告过我，既然我做错了，您惩罚我吧。"警察听后出乎意外地客气："我能理解你，谁也不忍心看见喜爱的小狗被系上链子。"卡耐基忙说道："的确是，但这是违法的。"见卡耐基这么诚心认错，警察反倒为卡耐基开脱："不过像这样的小狗大概也不会伤人的，下次一定要注意。"

卡耐基用"软话"换来了警察的理解。和颜悦色的态度，会让对方舒服，心里也会甜滋滋的。而之所以很多时候说软话行得通的原因就是在人性当中，人们普遍存在着"吃软不吃硬"的心态，特别是那些性格比较刚烈的、很有主见的人，更是不吃强硬的那一套。

有一位优秀的营业员，曾经接待过一位十分挑剔的女顾客，足足用了几十分钟她也没有挑选到自己喜欢的商品。当时正值高峰期，营业员还要去服务别的顾客。这个时候，女顾客大声指责道："你这是什么服务态度，你没看见我先来，他们后来吗？为什么扔下我不管了。"

这个营业员并没有立刻顶回去，而是和颜悦色地说："请您原谅，我们店生意忙，对您服务不周到，让您久等了，我服务态度不好，欢迎您多提宝贵意见。"

这位营业员用温和的态度，以"软"化"硬"，表面上是"似水柔情"，实际上却"力胜千钧"。有时候一个真诚的微笑和一句温柔的话语，就能说进人的心坎里，自然也就会"降温熄火"了。

玩笑适度，切勿过头

常言道：“笑一笑，十年少；愁一愁，白了少年头！”一句轻松的玩笑可说是人与人之间沟通的调试剂，甚至能体现一个人内在的幽默感，适当的玩笑不仅可以拉近距离，还能让人的心情愉悦。林语堂先生说过，一个善于交际的人都是喜欢开玩笑的人，他们善于创造出一个轻松融洽的氛围，这样的诙谐幽默更容易得到人们的喜爱。但是，如果没有把握好度，则会让人觉得嬉皮笑脸过于轻浮，让人失去信任，所以，玩笑要学会掌握分寸。

某次饭局，十几个同事一起聚餐，恰好小李有事没有来，大家聊起小李的时候，同部门的小王说小李有一次喝酒喝醉了，后来还要家人去接。本来这也没什么，小李喜欢喝酒，这是大家都知道的事情。可是，这时也是同部门的老张想调侃一下小李，就哈哈大笑着说：“是喝多了家人去接，还是嫖娼被抓了要家人去接啊？哈哈哈。”然后大家都笑了。这明明是句玩笑话，可是这酒桌上偏偏有的人已经喝得有点多了，对这段对话听得不清不楚，当晚就把这段话当做笑话讲给了别的同事听。可是讲的时候已经变了味道。结果第二天，小李“嫖娼被抓要家人去接”的谣言在公司传开了。虽然查来查去，最终弄清楚这只是一次酒桌上的玩笑话。可是从此，却让同事之间的关系尴尬起来。

凡事总有个度，开玩笑也是，有些人开起玩笑来不管不顾，只顾自己与他人开心，而忽视了被开玩笑者的心情，这种行为则是做人的大忌。有些玩笑是绝对不能开的，一句嬉皮笑脸随口一说的玩笑话，可能就会引发更大的悲剧。

南宁市的一家烧烤摊前曾发生过一起持刀伤人案，导火索就是因为一句嬉皮笑脸的调侃。在案发前10分钟，有两名一身酒气的男子来到烧烤摊，询问“还有没有东西吃”。老板还没来得及回答，正在烧烤摊吃东西的一名年轻男子，却朝两人开玩笑道："吃的没有了，只有酒喝，你们要不要过来喝？"话音未落，坐在旁边的几名顾客都忍不住笑出了声。两名男子看到那名年轻人嬉皮笑脸的，感觉受到了莫大的侮辱，十分钟后便带人回来报仇，最后导致悲剧发生。

有些人喜欢开玩笑，但是玩笑过火就会变成嘲讽和愚弄，不仅会伤了情分，可能还会引起对方的怨恨。所以，在开玩笑之前要三思而行，管好自己的嘴，掌握好分寸，以免出口成刀，伤人无形。另外，凡是有嘲弄味道的、敏感及隐私问题的玩笑最好不要开，防止玩笑开过了火，变成中伤他人的武器。其次，开玩笑要看人，还要看双方的熟识程度，基本上要做到知己知彼，否则无趣事小，伤人事大。

·4·
察言观色，给人家说话的机会

沉默是金，但沉默本身不是金，只是一个炼金的过程，将各种情况进行综合分析，得出一个相对合理的结论后，才谨慎发言。

——林语堂

一直以来，"看别人脸色行事"似乎都带有一种贬义的色彩。然而，从另外一种意义上讲，看别人脸色行事——"观其态，听其心，说其语"，是一种高明的人际应对之道。林语堂先生也曾说过，要多想、多听、多看，耳聪、目明、勤思、慎言。慎言之道就在于要学会察言观色。

每个人在交流的时候，他的表情、动作都传达了很多信息，所以察言观色是人际交往中必备的技能。

看脸色行事，把握说话时机

孔子曾曰：“侍于君子有三愆：言未及之而言谓之躁，言及之而不言谓之隐，未见颜色而言谓之瞽。”意思是说，人在同别人说话的时候，容易犯三种错误：第一种是还没轮到自己说话的时候抢着说话，这叫作急躁；第二种是轮到自己说的时候却又不开口，这叫作隐；第三种是说话的时候不懂得察言观色，这跟盲人没什么区别。

在林语堂先生看来，真正会说话的人，是会把握说话时机的人，是懂得察言观色的人，也就是“观其态，听其心，说其语”，是一种高明的说话之道。

西汉初年，汉高祖刘邦打败项羽、平定天下之后，开始论功行赏，群臣们自然当仁不让，彼此争功，吵了一年多还吵不完。

汉高祖刘邦认为萧何功劳最大，欲封萧何为侯，奖赏封地也是最多。很多大臣都不服气，私下议论纷纷。封爵受禄的事既已如此，众臣又开始对功劳排位群起争之，许多人都认为平阳侯曹参屡立战功，多次身受重伤，功劳理应最大。 但是在刘邦的心中还是偏袒萧何，却无奈封赏已经是萧何最多，功劳排位上他便不好固执己见。

此时，关内侯鄂君看到刘邦的脸色时，便已了解到他的意思，于是顺水推舟，自告奋勇地上前说道：“曹参虽然屡立战功，但是都是一时的。皇上与楚霸王对抗五年，每次遇到危机的关键时刻，都是萧何从关中派员填补战线上的漏洞。军中缺粮的紧急时刻，也都是萧何亲自运送粮食到关中，粮饷才不至于匮乏。再说，皇上有好几次避走山东，都是靠萧何保全关中，才能顺利接济皇上的，这些才是万世之功。如今即使少了一百个曹参，对汉朝有什么影响？一时之功是怎么也高不过万世之功的，所以，我主张萧何第一，曹参居次。”

关内侯鄂君的一席话深得刘邦心意，自然高兴无比，借势就下令萧何排在首位。而鄂君因此也被加封为“安平侯”，得到的封地多了一倍。他凭着自己察言观色的本领，享尽了一生荣华富贵。当然，通过别人的言行、态度揣度其内心想法并非易事，要有敏锐的观察力与良好的判断力，这需要我们在日常人际交往中下工夫去体会、锻炼，测得风向才能顺风使舵。

善于倾听，多给别人话语权

很多人认为，健谈的人比沉默寡言的人更容易受到关注、得到认可，事实上却并非如此。一个善于聆听、懂得倾听的人，愿意给对方话语权的人，才是真正受欢迎的人。

林语堂先生说过，不要把说话当做学问深浅的量尺，并不是说得多就才华出众。因为真正有内涵的人在说话上也是有度的，真正的智者愿意通过沟通从他人身上汲取更多的东西，愿意多给别人说话的机会。

英国有一家汽车公司准备采购一批汽车坐垫。为了争取这个客户，有三家汽车生产商都准备好了产品，希望能得到汽车公司的认可。为了能更好地对坐垫进行测评，汽车公司邀请这三家生产商进行最后的角逐。

其他两个厂家都侃侃而谈，对自家产品进行了详细的介绍，由于同类产品特点大同小异，介绍起来内容也没有太大特色。汤姆是第三家厂商的代表，他观察到第二家厂商汇报完后汽车公司领导已经困意十足。于是，当轮到他介绍的时候，他先是询问汽车公司领导有没有用过他们的产品，当得到肯定答案后，他邀请其中一个汽车公司领导来说说用户体验。这个领导详细描述了自己的实际使用体验感受，因为感激汤姆给了他发言的机会，他甚至自始至终都在为汤姆说好话，作为客户体验的发言得到在座几乎所有领导的认可。最终，汤姆与汽车公司签订了价值180万美元的订购合同。

当时如果汤姆像其他生产商一样，对自己的产品夸夸其谈，反而不一定能赢得这次合作机会。正是因为他把话语权交给了别人，通过别人表达的感受让大家对自家的产品留下了更深刻的印象，反而能在三个代表中脱颖而出。

作为一个销售员，如果只会自顾自地拼命称赞自己的产品，不给顾客说话的机会，很可能会失去一位客户。原因是不给顾客说话的机会，就不会了解顾客的需求，即使把自己产品夸得天花乱坠，却不符合顾客的需求，到头来也是徒劳。所以，有时候当一名听众也没有什么不好，给别人说话的机会，有时也是一种收获。

上帝造人的时候，只给人一张嘴，却给人两只耳朵，这是为什么呢？这是要人们少说多听，唯有如此，才能从谈话中挖掘出更多的信息。有时候，与其自己唠唠叨叨，不如把话语权交给别人，自己做个聆听者，反而会取得意想不到的效果。

·5·
言而有信，句句中肯

一个人说话，第一要有信实。如果言而无信，便是给大家一个坏印象，从此以后，你的话就不能再取信于人了。

——林语堂

普天之下，除了哑巴，有谁能不说话？然而，说话却是一门艺术，字字句句都有讲究、有学问。有的人说了一辈子话，却没说好过几句话。正如朱自清所言，“人生不外言动”，人生在世除了言，就是动。所谓人情世故，也有一半儿在说话里了。林语堂谈及说话的艺术，提到两个要素，一为言必有信，一为句句中肯。

言而有信，信者无疆

孔子有曰：“人而无信，不知其可也。”林语堂说：“一个人说话，第一要有信实。如果言而无信，便是给人家一个坏印象，从此以后，你的话就不能再取信于人了。”

商鞅就是“言而有信”的忠实践行者。当时商鞅在秦国推行变法，他做的第一件事就是在南门立了一根木桩子，下令但凡有人能将木桩从南门运送到北门去，就奖赏千金。城里的百姓都很吃惊，南门到北门不过短短百余米距离，何况只是搬运一根小小的木桩，就真的能值千金？大家都不管相信，认为这是商鞅在开玩笑罢了,没有谁肯前来一试。过了数日,一个年轻的小伙子在一日清晨,默默地把木桩从南门搬到了北门,人们正要看他笑话,却不想商鞅说到做到,践行了他先前的承诺,立即拿出了千金赏给了小伙子。

言而有信，是一种说话的艺术。唯有言而有信，言出必行，方可取信于民，让人们相信他说的话是有信用的。

与商鞅言而有信形成鲜明对比的是周幽王那一场让世人哭笑不得的“烽火戏诸侯”的闹剧。周幽王的一个宠妃名为褒姒，褒姒日日眉头紧锁，茶饭不思，周幽王为了博得红颜一笑，下令让士兵在都城附近用于与周边各诸侯国联络的20多座烽火台上都燃起了烽火。要知道，烽火在当时是边关发出警报用的信号，只有当外敌入侵时才能点燃，以召唤各国诸侯前来援救。各位诸侯看到燃起的烽火，纷纷率兵赶来都城，却发现这仅仅是君王为了赢得美人一笑要的把戏，诸侯们都愤然离去。眼见平时一派威仪的诸侯们吹胡子瞪眼的样子，褒姒终于“噗嗤”一声笑了出来。5年后，西夷太戎大举来犯，周幽王再次在烽火台上燃起烽火，却再也没有一位诸侯前来救驾，大家都认为他这次还是戏弄。面对兵临城下，幽王羞愤难当，自刎而亡，他的爱妃褒姒也成了俘虏。

可见，“言而有信”确实是说话艺术中很重要的因素。商鞅和周幽王二人，一位“立木取信”，从而在百姓心中树立起一诺千金的威名；而周幽王“烽火戏诸侯”，玩了一场“狼来了”的游戏，却让堂堂帝王丧失了威信。就像林语堂先生所言，“一件事失信于人了，以后无论什么事都不能再取得人家的信任，因为这是先把一个坏印象给予人家了”。

语语中肯，至诚足以感人

所谓“至诚足以感人”，是我国的一句古话。林语堂先生在《说话的艺术》中写道：“我们无论在什么地方，必须说话要中肯，使听者对你诚挚的态度留下一个很好的印象，那你的说话，就会发生重大的效力。”

1915年，在科罗拉多州的一家煤铁公司发生了一个小故事。这家公司的矿工们为了改善工作环境和薪资待遇，发动了集体罢工。又因为公司管理层没有处理好，采取高压政策，最终将罢工演变为一场流血的悲剧。这场罢工持续了整整两年之久，可以说是美国历史上最有名的一次大罢工。当时处理这家公司罢工事件的人是美国石油大亨洛克菲勒的儿子小洛克菲勒。最初他为了尽快镇压罢工而采取高压手段，请来军队对工人进行镇压，结果遭到了工人的奋起反抗。最终，长时间的罢工让小洛克菲勒本人遭受了巨大的损失。痛定思痛，洛克菲勒改变了思路，打算采取更为柔和的手段来软化工人。他将罢工潮的事情搁置到了一旁，特地去工厂中与工人聊天交友，还去很多工人家中拜访、慰问。

当双方剑拔弩张的气氛逐渐缓和后，小洛克菲勒发表了一次演讲，这次演讲情真意切，可谓是“句句中肯”的典型：

“今天我们相见在这里，彼此已经不是陌生人，而是朋友。我们不妨本着相互的友谊，一起来讨论一下我们大家共同的利益……在我个人，今天虽然是代表了公司方面的董事会，可是我和各位并不是站在对立的立场上。关于大家关注的问题，我很愿意在这里提出来和大家共同讨论，一起从长计议，希望能够得出一个双方兼顾的最为圆满的解决办法。”

工人被小洛克菲勒的真诚发言感动了，纷纷表示愿意和解，最终圆满解决了这次罢工事件。

俗话说，“精诚所至，金石为开。”只要你有足够的诚意，就不愁办不好事情。说话做事要真诚，“小气鬼”交不了大方朋友，说谎者结不了诚实朋友，只有真诚的人才能赢得他人的信任和尊重。当你言而有信，言出必行，人们定当真心回报于你；当你言辞恳切，句句是发自肺腑的真心之言，人们也必然能对你留下好的印象，把你的话听到心里去。

· 6 ·

引发共鸣，打开他的“话匣子”

会说话的人，都懂得创造高潮。他先在前面慢慢营造气氛，把对方一点点带进去，再在大家情绪高潮的时候把最精彩的呈现出来。

——林语堂

与人初次见面交谈时，可能会遇到冷场的情况，四目相对、局促无言的场合非常让人尴尬。林语堂先生说，如果想打开对方的“画匣子”，就要先找到彼此的共鸣点，正所谓“话不投机半句多”，交谈中要学会“没话找话”的本领。所谓“找话”就是“找话题”，找到双方都感兴趣的话题，要善于打破窘境，一开始就创造随和、愉快、轻松的气氛，这样才能畅所欲言。

巧用话题，打开交谈瓶颈

有时候是初次相见，或者旧友多年未见，一时找不到合适的话题，更别说融洽地进行谈话。这时，寻找合适的话题打开沟通僵局就显得尤为重要。

凡是拜见过罗斯福的人，都会对他渊博的学识感到惊叹，因为无论是一个牧童，还是一个政客，或者是一个外交官，罗斯福总能很快地与他们侃侃而谈。这是因为，罗斯福在接待客人之前，都会事先对对方喜欢的话题进行了解，这样有所准备，就会让沟通更加深入人心，并留下完美的印象。

当然，巧用话题也要掌握一定的技巧，可以采用“投石问路”的方法，在对对方有了基本了解后，才能更有目的的寻找新话题。与陌生人交谈，先提一些“投石”式的问题，开始可以从问候、聊天谈起。比如说，聚会可与身边陌生人聊天：“你和主人是老乡呢还是老同学？”无论对方如何回答，都可循着对方的话继续交谈下去。在略有了解后再有目的的交谈，便能沟通得更为自如畅快。

毛泽东主席就常用这种“破冰”技巧。新中国成立后在接见民主人士时，每次一见面，毛主席都会先问起对方的家乡、经历、爱好等等，再从中找到千丝万缕的联系，两三句话就拉近了双方的距离，让人倍感亲切。当然，也可以通过询问对方名字的意义，不仅让对方感受到尊重，更能加深彼此的印象，让气氛更加亲热。另外，近期影响较大的社会新闻、电影、电视剧和报刊文章等，都可以作为谈话的题目和接近的媒介。

以敏锐外交著称的周恩来总理也是一个善于找到话题的人。一次，周总理设宴招待外宾，这个时候上来一道汤菜，冬笋片是按照佛教图案刻的，周总理解释道：“这道菜上雕刻着‘卍’字，象征‘福寿绵长’的意思，是对客人的良好祝愿！”由于外宾对中国字不了解，对此也感到非常陌生，气氛一度冷场。这个时候恰逢反法西斯胜利纪念日，周总理又说道：“这个万字与法西斯的标志有一点相似，我们大家一起来消灭法西斯，把它吃掉！”话音未落，宾主哈哈大笑，气氛更加热烈，这道汤也被客人们喝得精光。

人与人之间有很多可谈论的话题，只是如何找到共同话题是需要一定的技巧。一旦找到合适的话题，就很容易拉近两人的距离，使人一见如故，能较好地形成坦诚相谈的气氛，打通初次见面由于生疏造成的心理上的“设防”。在选择话题上，还有一些讲究必须注意。例如不谈人家的隐私，不谈上司、同事以及一些朋友们的坏话，不说个人恩怨和牢骚等等。

投其所好，让对方感到尊重

有一位老板曾请教过林语堂先生，如何才能更好地与客户沟通？林语堂先生说，与人快速沟通的秘诀就是：谈论别人感兴趣的事物，也就是“投其所好”，会使人感觉受到尊重，这也是一种深刻了解人，并与之愉快相处的方式。因为每个人潜意识里都在寻找一种“自我重要感”，当你和对方沟通的时候，谈论他感兴趣的事，他会有一种被认同的感觉，从而对你产生好感。

耶鲁大学文学院费尔布斯教授给学生讲过这样一个故事：他小时候经常去姑妈家玩。一天，一位中年绅士来到姑妈家作客，跟姑妈寒暄过后，注意力就集中到了小费尔布斯身上。那个时候费尔布斯正对帆船着迷，当他与这位绅士谈论到这个话题上的时候，这位绅士也表现出极大的兴趣，聊得十分投缘。后来，费尔布斯在姑妈面前赞扬说这人真不错，他对帆船十分在行。而姑妈则说，那人是一位大律师，对帆船算不上熟悉，陪你谈论帆船，是因为你对这个有兴趣，他非常懂得如何让自己受欢迎。后来，费尔布斯教授常常告诉学生，多谈论别人感兴趣的事，不仅可以让别人感到快乐，自觉也会因此而更受欢迎。

著名的美国企业家雷克斯·蒂勒森在年轻时候很想到一家大公司上班。但是，那个公司老板不喜欢那些自己上门找工作的人。后来，雷克斯多次拜访老板的秘书，侧面了解到这位老板最大的兴趣就是权利和金钱。于是，雷克斯做了仔细的研究，主动上门请求拜见这位老板，说他有个建议可能使老板在经济和政治上一举两得，虽然老板不喜欢他不请自来，但还是对他的话题产生了极大的兴趣。

老板坐在一张雕刻的大桌子后面，黑着脸对雷克斯吼道：“只给你三分钟时间!”雷克斯回答说：“先生，我相信我能为你赚更多的钱。”于是，雷克斯一一地说出他的构想，并且详细描述了自己将为公司事业发展能做出多大的贡献。雷克斯通过开口谈论公司老板感兴趣的话题，让这个目空一切的老板能够给他展示自我的机会，进而决定雇佣他。

心理学家卡耐基有句名言："我喜欢吃香蕉，喜欢吃草莓，但我钓鱼的时候不会把香蕉和草莓放在鱼钩上，因为鱼儿喜欢吃蚯蚓。"意思是说无论你本人多么喜欢草莓和香蕉，鱼也不会理睬它们，只有以鱼喜欢的蚯蚓为诱饵它才会上钩。这句话告诉我们说话也要投其所好。要想做一个让别人喜欢的、有魅力的人，那就要多谈论别人感兴趣的话题，并对这些话题有所了解。

·7·
激将法：发掘内心的潜能

对于一般人，运用鼓励的方法，可以起到良好的效果；但对于血气方刚的人，用激将法，效果会更好。

——林语堂

林语堂先生认为语言的魅力是无穷的，有的时候语言也能够成为一把武器。在法国蒙顿举行的世界笔会第36届年会上，轮到林语堂先生发言时，他向主席要求讲15分钟，但主席拒绝了，说别人发言都是5分钟，不可破例。林语堂先生当时就对主席说，您一定没有听过我这样精彩的演讲！这反而激发了主席的兴趣，主席不相信他的演讲能有多精彩，于是破例安排了10分钟。结果在这个世界级的舞台上，林语堂先生用精彩的演讲赢得了热烈的掌声。林语堂先生用激将法赢得了这次展示的机会，也折射出他的机敏与睿智。

反语激将，请君入瓮

善用反语激将法，不是简单的否定、贬低，而是“激中有导”，诱导对方努力维护自己的尊严。尤其是在商场上谈判的时候，反语激将更能达到意想不到的效果。

因为利益分配不均，一家乡镇企业的厂长去找集团公司的总裁。与他展开了一番巧妙地谈话。

厂长：“总裁先生赢利的魄力，的确比我们这些乡下佬大得多，简直是一个大如公牛，一个小如毫毛。这么大的魄力，虽然让我们佩服，但我们实在不敢奉陪，只能收回土地，停止合作。”

总裁：“好吧，我再让利一成。”

厂长：“不行，按我方投资比例，应当让利两成。”

总裁：“行，本公司原则上同意。”

厂长不说对方“贪心”，而说其反语“魄力大”，又以“不敢奉陪’的“哀兵”战术以退为攻，激发对方就范。可见，反语的作用在现实生活中不容忽视，而且还要巧妙运用。在用常规的方法无法使对方接受自己的观点，或者无法得到让利时，不妨反其道而行之，于无形中让对方钻进自己编织的套子里，然后目的就不难达到了。

不过，一定要注重激将的对象和方法，有的人本来就不具有战斗精神，没有上进心，那么你的激将只能是“对牛弹琴”，自娱自乐了。所以一定要对症下药，“看菜下饭”。而且要切记方法得当，不是所有人都适合激将法，不是所有的激将法都适于一个人。

楚庄王是个爱马之人，尤其是他最心爱的那几匹马，不仅住在豪华的厅堂里，更是身披奢华的锦缎，吃的是富有营养的枣脯，伺候那些马的人数竟是马的3倍。但是，这些马长期养尊处优，很少出去运动，有一匹马甚至因太胖而死去了。楚庄王为此伤心欲绝，誓要为这匹马办一场奢华隆重的葬礼。一是命令全体大臣向死马致哀，二是用高级的棺椁以安葬大夫的标准来葬马。

大臣们实在是无法接受楚庄王荒唐的决定，纷纷劝阻庄王不要这么做。可是楚庄王完全听不进去，还生气地传下命令说："谁要是再敢来劝阻我葬马，一律斩首不饶！"

优孟是个非常聪明的人，他并没有直接谏言，而是闯进宫去，见到楚庄王便大哭起来。楚庄王吃惊地问他说："你为什么哭得这么伤心呀？"

优孟回答说："大王您最爱的马死了，我也非常难过，怎么能只用大夫的葬礼来办理马的丧事呢？这实在太轻视了。应该用国君的葬礼才对啊，美玉做棺材，追封这匹马为万户侯，为它建造祠庙，这样，天下所有的人才会知道，原来大王是真正爱马胜过一切的。"

楚庄王顿时明白过来，非常惭愧地说："我是这样地重马轻人吗？我的过错可真的是不小呀！"

一席话说得楚庄王顿时醒悟过来，从此他也改变了原来爱马的方式，把那些养在厅堂里的马全都交给将士们使用，那些马也得以经风雨、见世面，锻炼得强壮矫健。

巧用激将，激发潜能

什么是激将法呢？林语堂先生说，激将法就是利用人们自尊心的积极一面，从相反的角度激发起对方内心的潜能。有的时候，我们会在心里给自己设障，无法靠自己突破防线，这个时候如果他人能用激将法来激励自己，则会发挥出自身的无限潜能。

三国时期，刘备和诸葛亮准备派老将黄忠去攻取定军山，同曹军大将夏侯渊决战。黄忠慨然接受了军令，诸葛亮叮嘱道：“夏侯渊是曹操手下的一员上将，有勇有谋，不是等闲之辈，老将军如若轻敌，到时只能派云长将军再攻前线了。”黄忠领命走了，诸葛亮告诉刘备，我已经用言语激了老将军，老将军是个爱面子的人，定不辱使命。果真，老将黄忠独力大败夏侯渊，建立了奇功。

诸葛亮以抬举关云长的方式，间接贬低了黄忠，而黄忠却是一个极爱面子的人，诸葛亮这么一说，在黄忠看来分明就是瞧不起自己，所以非要做出个样子给他看，证明自己绝不会落在关云长的后面。这种间接激将法虽然效果明显，但是还需要把握技巧，如果言语不当，不但达不到效果，还会让别人误解。

六国“合纵”反秦联盟之后，张仪前往赵国见苏秦，希望苏秦能帮助自己。苏秦知道张仪自视甚高，于是告诫手下人不要为张仪通报，同时又让张仪在这里待上一段时间，希望能激发张仪干事创业的决心。后来苏秦召见张仪，让他坐在下面，给他吃很差的饭食，并趁机责备他说：“你的才能不允许我恭敬地对待你，我不是不能给你带来荣华富贵，只是你的才能决定我不能这样做。”张仪来到这里，原指望这个好朋友能够帮自己一把，没想到却遭受此般羞辱，心里十分恼怒，想到东方诸侯国中已没有自己的容身之所，只有秦国可以威胁赵国，于是就只身前往秦国。后来，张仪得到了秦惠王的赏识，后说服秦攻打赵国。

所谓“劝将不如激将”， 当我们无法正面突破时，为什么不尝试着从反面激将呢？“激将法”是正面开导与说服往往不能使之振奋，而有意识地运用反面的刺激性语言“将”他一军，反倒能激发起内心的潜能。但是，采用激将法一定要把握好一个度，切忌带有侮辱性的话语出现，否则很容易遭受失败，达不到目的。

·8·
天天说话也未必会说话

人是不能不说话的，但是，有的人说起话来娓娓动听，使人听了全身的筋骨都感到舒服；有的人说起话来锋芒锐利，像一柄锐刀，令人感觉到十分恐怖；有的人说起话来，一开口就使人感觉到讨厌。

——林语堂

每个人都会说话，但怎样才算会说？这是一门很深的学问。林语堂先生就是会说话的典范。先生常说，人人会说话，但说话是一门艺术，会说话的人懂得如何创造沟通的契机，如何引人入胜，会说话就是掌握了说话的技巧，它将让你成为受欢迎的人。

说话要避免直言直语

在日常的生活中，很多人说话都喜欢直言直语。然而，直言直语是说话的大忌，很容易得罪人，要学会委婉表达，说话要讲究时机、方法和方式，要懂得察言观色，有时候点到为止才是恰到好处。如若直言直语，不去考虑对方的想法，只是自己痛快了，可结果则会适得其反。适当的说话方法会让我们少走很多弯路，甚至能达到比直言直语更好的效果。

古时候，齐景公有一匹爱马，他将此匹马专门托付给一名驯马师进行照料。谁知，这匹马突然生病死掉了，齐景公得知后勃然大怒，命人将养马人肢解。晏子见状急忙上前阻止，他问齐景公："大王知道尧、舜二主肢解罪人的时候，是从身体的哪一个部位开始的吗？”

然而，尧、舜都是世人皆知的圣明君主，绝没有对罪人施以肢解的刑罚。齐景公明白晏子话里的意思，免去了驯马师的死罪却仍难掩心中怒气。晏子知道驯马师虽然逃脱了死罪，却活罪难逃，于是又对齐景公说：“大王，可怜的驯马师还不知道自己犯了什么罪就要受处罚了，让微臣来历数他的罪过让他死得明白。”

齐景公答应了晏子的请求。晏子就数落驯马师说：“你犯了三宗大罪，按理说应该立即肢解你。第一，大王让你好生照料马匹，你却把马养死了；第二，你养死的是大王最爱的马；第三，因为你的一时过错，却让大王因为一匹马而动了杀人之心，这让天下老百姓该如何看待大王呢？会让大王从此得一个生性残暴的恶名，让大王从此失去了民心，国家也将不保了。这三条罪状足以定你的死罪，你就等着接受处罚吧。”

齐景公听了晏子的话幡然醒悟，急忙说：“还是将他放了吧，我不能做如此残暴之事。”

如果晏子一开始就直言直语地进谏于齐景公，不仅不能为驯马师求情，反而可能让自己也身陷囹圄。聪明的晏子采用了迂回的说话之术，通过假意指责驯马师而侧面阻拦齐景公不要做出有毁声誉的事情，不仅合情合理，更是让齐景公意识到了自己的错误而心生愧疚。

直言直语是一把伤人伤己的双刃剑。既然如此，何不直话曲说、硬话软说呢？说话的时候让自己想一想再开口，给自己的舌头打个弯吧，把要说的话说得委婉含蓄些，这样才是真正的会说话。

在适当的场合说适当的话

古人云：“话多不如话少，话少不如话好。”正所谓滔滔不绝地说话并不难，反而恰到好处地说对话才是真正的艺术。林语堂先生说过，说话要会选择时机，不仅要看当时所处的社会环境、心理环境、语言环境等等，更要对当时情景进行一个综合把握，只有在合适的时机说合适的话，才能说得少却说得巧。

有一天，墨子的一个弟子子鑫问墨子："老师，我特别羡慕那些能滔滔不绝说话的人。"

墨子指着河边回答道："你看那些呱呱不停的青蛙，还有逐臭不已的苍蝇，它们没日没夜地叫个不停，以此来显示自己的存在。可是，它们即使叫得口干舌燥、疲惫不堪，也没有人会注意它们到底在叫什么，人们对这些声音早已是充耳不闻了。但是，你去看看那晨起的雄鸡，它仅仅在每天黎明到来的时候按时啼叫，然而，雄鸡一唱天下白，天地都要为之振动，众人都会闻鸡起舞，纷纷开始新一天的劳作。所以，你又何必去羡慕那些滔滔不绝的人呢？只有真正会把握说话时机的人，才能达到自己的目的。"

子禽听了墨子的这番教诲，非常赞同，频频点头称是。

古希腊寓言中说，舌头这种东西像个怪物，它能用最美好的词语来赞誉你；也可以用最恶毒的语言来诅咒你，它能把蚂蚁说成大象，也能把小丑说成国王。这就是说话的威力吧。平常我们看一个人是否有力量，这种力量能否表现出来，在很大程度上也取决于他说话的能力。

当你能分清时机地说话，你就会知道说话的力量是无穷的。有时候，我们本是好意相劝，却因为说话的时机不对，反而让人心生怨恨，得不偿失。只是敢说话而不会说话的人，会被自己说过的话拖累，那些把握时机会说话的人，可以将语言当作自己制胜的法宝。

语言是人与人之间沟通的桥梁，只有会说话的人才能让对方接受我们的想法，火候到了，说出的话自然贴切，才能达到沟通的目的，维持人际关系的和谐。所以，我们在说出每一句话之前，都必须要认真经过大脑的思考，适当的说话技巧往往可以帮助我们少走很多的弯路。

·9·

学会巧妙地说“不”

“不”，“不行”，“办不到”等词语一说出，必然会增加对方的不悦感，但诚恳的态度、恰当的语言则可减少对方的失望。

——林语堂

人生在世，我们都会遇到过他人的请求或者要求，其中有很多可能已经超出了我们的能力范畴，甚至是我们不愿意接受的，有时候明明自己非常为难，却又难以开口生怕伤了感情。这个时候，我们就要学会巧妙的说出“不”。林语堂先生说，求人办事固然是一件难事，但是拒绝别人更是让人万分头痛，拒绝并不是简单地说“不”，拒绝也是需要技巧的，有技巧的拒绝才能避免让人陷入两难的境地。拒绝别人，一定要从他人的角度来看待事情，将拒绝产生的不愉快减少到最低限度，并得到对方的谅解和认可。

要学会幽默地拒绝

拒绝别人绝对不是一件容易的事情，一句简单的拒绝却能体现一个人的品德、性情和修养。林语堂先生就是一个幽默的人，他认为用幽默的语言去拒绝别人，不仅能够缓解气氛，还能让对方在拒绝中也体会到你的真诚和善意。

美国总统罗斯福就是这样一位真性情的人。早年罗斯福曾在军界服务，他的一个朋友想通过他打听到一些军事机密。罗斯福是个很有原则的人，他当然不可能泄密，但是他又不愿意因此伤害到这份友谊。一日，他的朋友再一次向他问询军事机密的时候，他神秘地反问朋友："你能保守秘密吗？"那个朋友以为罗斯福要告诉他军事机密，连连点头保证一定会保守秘密。罗斯福听后便说道："既然你能保守秘密，那么我也要做个保守秘密的人！"朋友听后哈哈一笑，却也说不出一句话来。罗斯福用巧妙的回答让拒绝变得简单又轻松。

在罗斯福第四次连任美国总统的时候，有一位记者前去采访他，采访的话题是让罗斯福谈谈连任的感想。关于总统的连任，美国有个不成文的规定，就是连任不得超过两届，但因为当时正值二战时期，所以罗斯福在非常时期破天荒地连任了四届。因此，这个问题是非常敏感的。

无论如何回答都会引起连锁反应，所以罗斯福决定决绝回答这个问题，但是他又不想直接拒绝这位记者，于是他主动邀请记者吃三明治。记者非常高兴地吃下了第一块三明治，罗斯福又热情地给了他第二块，他吃完后，罗斯福又递给了他第三块，那位记者就这样一连吃了好几块三明治，却不好意思拒绝罗斯福的热情款待，非常为难，哭笑不得。

见此情景，罗斯福笑道："你吃三明治的感觉就是我听到这个问题的感受啊！"说完，记者也哈哈大笑起来，罗斯福用智慧的语言将拒绝转换成幽默，让拒绝也变成了一种风趣。

其实，请求别人在请求者眼里，并不是一件舒心的事情。当别人提出一些请求时，他们的内心也是十分困扰的，这时拒绝的态度就非常重要。如果生硬的拒绝就会给别人留下不好的印象，所以一定要把握拒绝的态度和技巧，用幽默的语言去拒绝，不但不会带来负面影响，反而会让人以开怀一笑化解拒绝的尴尬。

要学会委婉地说"不"

面对朋友的低声请求，如果自己确实爱莫能助需要拒绝的时候，就要学会委婉地说出“不”。好比同样是苦涩的药丸，外面裹上一层糖衣以后，就会让人比较容易入口。同样地，绕个弯子表达拒绝，比直接说“不”让人更容易接受。古今中外就有很多这样“曲线”说“不”的例子。

文学大师钱钟书先生的《围城》出版后，在国内外引起了轰动，许多人想见他一面，都被他谢绝了。

一位英国女士打电话希望见他一面，钱钟书婉言谢绝，但那位女士十分执着，最后钱先生没有办法，便以其特有的幽默语言对她说：“假如你吃了个鸡蛋觉得不错，何必要认识那个下蛋的鸡呢？”

钱钟书很巧妙地用委婉幽默的语言讲道理，使对方在笑声中得到深刻的启示，在愉悦中领悟道理，进而接受对方的做法，这样的拒绝不但没让她觉得难堪难过，反倒会在她心中留下轻松、美好、活泼的印象。

对于很多人来说，说“不”是一件很棘手的事情。其实，拒绝别人没有那么麻烦，说“不”不但是每个人的权利，而且也很容易做到。只是在拒绝的时候，一定要冷静，不要充满敌意，语气不能粗鲁。

俄国某位钢琴家有一次举办演唱会，但票却早已卖光。一位贵妇借着自己的阶级地位找到钢琴家索票，并要求要坐到前面。钢琴家指着台上的钢琴说道：“我只有这一个座位，可以让给您，就在台上钢琴那里。”一句委婉的拒绝，让贵妇人无话可说。

说“不”是一种拒绝，拒绝是语言交际中一种逆势状态，必然在对方心理上造成失望与不快，我们可巧妙地采用一些委婉的拒绝方式，让生硬的拒绝换上一副温柔的面孔，把自己的意图隐晦地表达出来，就可以把拒绝带来的不快缩小到最低限度。这样，既不伤害对方的自尊心与感情，又取得对方的谅解、支持，从而增进情谊，实现人际交往的双赢。

学会说“不”、学会拒绝是人生交际必不可少的一项重要内容，更是一种豁达和明智。

NO.9

苦中作乐是最甜蜜的回忆

——林语堂谈苦乐的艺术

世界上的人有千万种，每个人都有不同的人生观。但总体来说，价值观可以分为两种：乐观和悲观。乐观的人凡事都往好处想，持乐观的看法，遇到再大的困难也能安然面对，能够苦中作乐；悲观的人凡事都往坏处想，持悲观的看法，遇到一点的麻烦便会愁云惨淡。

乐观也好，悲观也罢，当然有外在的因缘，但更多是由自己创造出来的。

苏东坡在被贬谪到海南岛的时候，岛上的孤寂落寞与当初的飞黄腾达相比，简直判若两个世界。但苏东坡随后一想，宇宙之间，在孤岛上生活的，也不只是他一人，大地也是海洋中的孤岛！就像一盆水中的小蚂蚁，当它爬上一片树叶，这也是它的孤岛。所以，苏东坡觉得，只要能随遇而安，就会快乐。

人生没有绝对的苦乐，只要有积极、奋斗的精神，凡事肯向好处想，也许很快便能转苦为乐、转危为安了。海伦·凯勒说：“面对阳光，你就会看不到阴影。”积极的人生观，就是心里的阳光，它会让人生活得幸福快乐！

· 1 ·

生命在痛苦中升华

一切困难、凌辱、嘲弄和逆境都只叫意志坚强的人更加坚强，更加勇敢。所以，在达到成功的途径上，什么都不可恃，可恃的只是——刚毅的意志和坚定的决心。

——林语堂

人生如戏，命运会时不时地给你开一些不大不小的玩笑，让你饱尝痛苦，备受折磨。面对这些事情，一个人只有心胸开阔，泰然处之，不计较一时的利益得失，才能让生命在痛苦中升华。也只有这样，才能成就大事，从而实现自己的梦想。

正如林语堂先生在《林语堂谈人生》一书中所写的："让痛苦升华且放眼大千世界，难道没有一样可以寄托我们的心灵吗？你可曾窥探过音乐的悦耳、图画的悦目、文学的悦心？可曾尝试掘开泥土埋下一粒花种、绿芽穿出、枝叶茁壮、花朵绽放，能使人有收获者的满足？"生命在历练中完成了升华，而那些历经的痛苦也终究会变成一种宝贵的精神财富，让你在生活中得心应手，运用自如。

痛苦，生命的一种养料

每个人都向往一帆风顺，但人生历程中的痛苦却不可避免。当痛苦来袭时，我们要做到坦然面对。因为痛苦过后，我们才会更加成熟，才会从中得到意想不到的养料，让生命在痛苦的滋养下增值。

20世纪上半叶，美国密西根州比拉镇附近的一个农场里养了一头公牛，这个农场的主人用铁链把牛锁在了榆树上。健壮的公牛经常拖着重重的铁链围着榆树奔跑。日复一日，铁链在距离地面约3英尺的树干上勒出了一道沟痕。数年之后，已经深深地嵌在了树皮中的铁链和树干牢牢地长在了一起。后来，密西根州遭到了“荷兰榆树病”的袭击，大片的榆树染病枯萎死亡。人们都以为这棵高大、古老的榆树也难以幸免。但令人惊奇的是，这棵榆树并没有死亡，甚至生长得更加茁壮。大灾过后，它竟然成了该地区唯一一棵依旧傲然挺立的榆树！没有人知道这是为什么，直到密西根州州立大学的植物病理学家对这棵神奇的榆树进行了细致的观察和研究后，才得出了结论——正是那条铁链拯救了榆树的生命。原来，榆树从生锈的铁链上吸收了大量的铁质，对致病菌产生了很强的免疫力。

曾经的痛苦孕育着未来的希望，过去的创伤会转化为我们应对生存危机的力量。海明威曾说：“生活总是让我们遍体鳞伤，但到后来，那些受伤的地方一定会变成我们最强壮的地方。” 不仅是树，人也是如此。痛苦是一股生命的力量，它推动着我们不断前进，让我们的心灵更加充实。我们不仅要学会在欢乐中微笑，也要学会在痛苦中微笑。

勇敢面对，才是勇者形象

人的一生中会遇到各种各样的不幸，勇敢面对痛苦和挫折，这才是真正的勇者形象！

有一个叫黄美廉的女子，从小就患上了脑性麻痹症。这种病的症状十分惊人，因为肢体失去平衡感，手足会时常乱动，口里也会经常念叨着模糊不清的词语，模样十分怪异。医生根据她的情况，判定她活不过6岁。在常人看来，她已失去了语言表达能力与正常的生活条件，更别谈什么前途与幸福了。然而，她不仅坚强地活了下来，而且依靠着顽强的意志和毅力，考上了美国著名的加州大学，并获得了艺术博士学位。拥有着超越的听力天赋的她用手中的画笔抒发着自己的情感。在一次讲演会上，有一位学生这样提问道："黄博士，你的身体条件这么不好，是什么支撑你取得如此巨大的成就呢？" 黄美廉沉思了一会儿，淡淡地说道："我只看我所有的，不看我所没有的……"

固然，我们要热爱生命，但也不能轻易被命运所屈服。我们若想使自己的人生有价值，就必须要经受住磨难的考验；我们要勇敢面对所有的苦难。林语堂在拥有梦想的同时，也不忘行动，他通过自己的努力去一点一点地实现自己的梦想。这世界上有很多不幸的人，他们在各种让人绝望和暗淡的处境中绝处逢生，重新鼓起精神，捡回希望，再创人生的光华。我们不能因一时的痛苦便失掉了勇气和担当。

如何在痛苦中升华

无论遇到任何艰难困苦，都要坚强面对：经济困顿时，要勇敢面对，继而寻找可能的转机；事业不畅时，要勇敢面对，在痛苦中崛起，也许会柳暗花明；情场失意，要勇敢面对，不要"吊死在一颗树上"，要知道天涯何处无芳草；身体不好，要勇敢面对，振作起来，有些事实无法改变，与其消沉沉闷，还不如开心面对！世事无常，只要你愿意改变，愿意在痛苦中升华自己，便会有无限可能。

让我们在痛苦中升华，唯有这样，才是勇者。那么，我们该如何做呢？

（1）要有坚定的信念，乐观面对生命中的挫折

生活中，荆棘与鲜花总是交相辉映，前进的路上难免会遇到阻碍、挫折，但最关键的，还是看我们用什么样的心态来面对。

"文革"时期，物质条件极度匮乏，精神生活也十分单调。从城市奔赴边疆和农村的大陆百万知识青年中，却依然有人凭着坚定的信念，克服重重困难，开荒种地，为祖国奉献了美好的青春。然而，如今生活在现代化社会的人们虽然物质生活极度丰富，但是很多人却迷失了自我。他们生活没有目标，缺乏坚强的意志，一遇到挫折就被击垮，甚至还有人选择用极端方式来结束生命。所以，如果我们能认真地看待自己的生命，为自己的人生树立一个远大的目标，并坚持不懈地去追求，那么不会惧怕挫折的我们就一定能够勇敢地活下去。

（2）要学会感恩

懂得感恩是一个人最可贵的品质，而淳朴和真诚会给一个人增加成功的机遇。因为面对多舛的人生、面对命运的不公，郁郁寡欢和顾影自怜都没有任何用处，还不如调整好心态，扭转思维角度，怀着一颗感恩的心，以积极豁达的心态来面对命运的安排，在痛苦中升华自己，寻找出路。

（3）必要时要学会求助他人

人生有很多阶段，而我们在每一个阶段都会遇到挫折和挑战，比如亲人去世、高考失利、下岗失业或婚姻危机等等。当我们遇到这些随时可能发生的问题时，可以求助亲朋好友或心理医生，能够在他们的帮助下及时宣泄悲伤、痛苦、愤怒等不良情绪，消除不健康的心态和行为，让自己摆脱悲观的情绪，重拾起生活的信心，勇敢地活下去。

·2·
苦难中追寻心灵自在

人生有时颇感寂寞。但遇到危难之境，人之心灵却能发出妙用，一笑置之，于是又轻松下来。这是好的，也可以看出人之度量。古代名人，常有这样的度量，所以成其伟大。

——林语堂

一帆风顺很难使我们的心灵成长，而苦难却可以给我们的心灵淬淬火增加“硬度”。高尔基说过：“苦难是人生最好的大学。”是的，苦难的确犹如一所大学，与现实的大学所不同的是，在这所大学里，老师是自己、学生还是自己。一切的麻烦都要靠我们自己去解决，一切的苦难都要自己去承担。困难塑造了我们的人格，培养了我们的自信。

林语堂在《苏东坡传》这一著作中，展现出了他丰富的心灵之美，他能将该传记写得如此出色也正是因为他在品行、才华和人生遭遇等方面与苏东坡大体相仿。“艰难困苦，玉汝于成”，一切外在的苦难都会与心灵交汇，你的盾牌不是外人的帮助和同情，而是心理承受能力。人生苦短，必须释怀。只有经历苦难而取得的幸福和成功才弥足珍贵，令人兴奋。

苦难赋予心灵财富

人们常说：苦难是一笔财富。然而，将苦难变成财富是有条件的，这个条件就是你战胜了苦难，并且远离苦难不再受苦。只有这样，苦难才能成为你值得骄傲的人生财富。

4岁时，一场麻疹和强直性昏厥症差点儿使他夭折；7岁时，患上严重肺炎的他不得不服用大量抗生素；13岁时，开始周游各地的他过着流浪的生活；15岁时，举办了首次音乐会的他一举成功，不仅轰动了整个舆论界，而且也使他的声名传遍了法、奥、德、英、捷等很多国家；46岁时，牙床突然长满脓疮的他只好拔掉几乎所有牙齿；牙疾刚愈，又染上可怕的眼疾，幼小的儿子成了他手中的拐杖；50岁后，关节炎、肠道炎、喉结核等多种疾病吞噬着他的肌体。后来，声带也坏了，全靠儿子按口型翻译他的思想。在57岁时，他口吐鲜血而亡，死后尸体也备受磨难，先后搬迁8次。

他就是世界著名的超级小提琴家帕格尼尼。他的一生似乎都与苦难为伍，直到死也依然没有摆脱苦难的纠缠。可信仰不灭的他却并没有被苦难打倒，反而使自己在苦难中成长为音乐巨人。他长期把自己封闭起来，疯狂地练琴，每天练琴10—12小时，甚至忘记饥饿与死亡。帕尔马首席提琴家罗拉听到他的演奏，惊异得从病床上跳下来，木然而立；维也纳一位盲人听到他的琴声，本以为是乐队在演奏，当得知台上只有一个人时，居然大叫“他是个魔鬼”，而后匆匆逃走。

帕格尼尼把苦难历练成财富，激发出自己抵御逆境的潜力，成就了丰富的人生。巴尔扎克说过：“苦难是人生的一块垫脚石，对于强者是笔财富，对于弱者却是万丈深渊。”古往今来，谁不会经历苦难呢？从我们降生时的第一声啼哭，就注定了人生必然经历苦难。如果甘于平庸、遇挫而退，就将永远超越不了自我；但如果意志坚定，向挫折宣战，就会迸发出无限潜能，收获累累硕果。所以，不要叹息，也不要抱怨，因为时过境迁之后，你所经历的所有苦难，定会让你充满力量！

用刚毅的意志和坚定的决心来战胜苦难

心灵是一片广阔的土地。如果我们能够把苦难和心灵结合在一起，那么苦难就不再是苦难，二者融合反而会使苦难变成一种珍贵的营养来滋润我们的心灵。贝多芬说过："我要扼住命运的咽喉，它不能使我完全屈服！"只有在苦难中不懈地抗争和追求，才能获得身心的自由和解放。

路德维希·范·贝多芬一生中受尽了贫困、疾病、失意、孤独等种种磨难的折磨。其中，最大的灾难莫过于失鸣带给他的痛苦。

28岁，身染疾病的贝多芬开始听觉减退；48岁，已听不见优美的歌声，只能用书写的方式和别人交流。生命多舛，但意志坚定的贝多芬却一直坚持创作。在他创作的90部交响曲中，后7部都是在失聪的情况下完成的，其中的第三、第五、第六和第九部交响曲还被后人称之为"永恒的杰作"。贝多芬不仅可以用敏锐的观察力来感受人类、社会和大自然，而且还可以在起草曲子时不惜花费几个月甚至几年的时间来反复推敲、精心锤炼。例如，他创作第五交响曲时就花了8年的时间。就像他的音乐作品一样，贝多芬更是用苦难造就了自己波澜壮阔的人生历程。有次，贝多芬在给他的兄弟卡尔和约翰写信时倾诉了耳聋所带给自己的莫大痛苦，并写下了他战胜疾病的决心："在我身旁的人都能听到远处的笛声，而我却听不到，这是何等的耻辱啊！这样的情景曾把我推到了绝望的边缘，几乎迫使我结束了自己的生命。但是，我的艺术，只有我的艺术要我活下去。"为了艺术，贝多芬可以牺牲一己之欲，战胜一切不幸。也正因如此，他赢得了无数后人的敬仰和爱戴。

战胜苦难，是一种对心灵的历练和成长。正如贝多芬所说："牺牲，永远把一切人生的愚昧为你的艺术去牺牲！艺术，这是高于一切的上帝。"生活中，有些人只把苦难当做苦难，最终被这个沉重的负担压得寸步难移；相反，有些人把苦难当作一种磨练，不仅从痛苦中走了出来，而且得到了心灵的启悟。苦难并不可怕，超越它，就会开创另一番天地。只有我们经历了这个过程，才能更加成熟和稳重，心灵才会更加和谐，人生才会更为圆满。

·3·
痛苦的程度决定彻悟的深度

一个人彻悟的程度，恰等于他所受痛苦的深度。

——林语堂

林语堂因为经历了很多的坎坷与波折，才有了清澄通达的一生。他曾说过："一个人彻悟的程度，恰等于他所受痛苦的深度。"任何事都有因果，因为痛苦是让人彻悟的一个切入点、一条有效的途径，所以痛苦才等同于彻悟。所谓"烦恼即菩提"，就是指一个人只有在痛苦时才能领悟到什么是人生的真相。

彻悟，在痛苦中释放

尼采说："极度的痛苦才是精神的最后解放者，唯有此种痛苦，才能强迫我们大彻大悟。" 痛苦是智慧的第一抹曙光，人生的许多道理都必须靠痛苦后的彻悟才能够真正理解。作为普通人，我们要珍视挫折和困难所带来的痛苦，因为生命里缺不了它。只有经历了这些痛苦，才能让我们蜕变，挺过去才会有真人生。

一位喜欢音乐的学生走进练习室。在钢琴上，摆着一份全新的乐谱。“又一份新的乐谱，超高难度……”他翻着乐谱，小声嘟囔着，他感觉自己要崩溃了，对弹奏钢琴的信心似乎跌到谷底，消靡殆尽。3个月都是如此，每次都这样枯燥艰难地练习。不知道这位有名的新教授为什么要以这种方式整人，只得说服自己勉强打起精神。他开始用自己的十指奋战、奋战、奋战……琴声盖住了教室外面教授走来的脚步声。

指导教授是个极其有名的音乐大师。授课的第一天，他给自己的新学生一份乐谱。“试试看吧！”他说。乐谱的难度颇高，学生弹得生涩僵滞、错误百出。“还不成熟，回去好好练习！”教授在下课时，如此叮嘱学生。

学生练习了一个星期，觉得自己练得有点感觉了。第二周上课时正准备让教授验收，没想到教授根本就没有检查验收他练习成绩的意图，只是又给他一份难度更高的乐谱：“试试看吧！”上星期的课后作业教授也没提。学生再次挣扎于更高难度的技巧挑战。

第三周也是如此，更难的乐谱又出现了。这样相同的情形持续着，学生有些烦了，因为每次在课堂上都被一份新的乐谱所困扰，难度一次一次增加，不停地让自己发现自己原来这么差劲。他感觉不到一点成就感。他无论怎么努力都跟不上进度，一点也没有因为上周练习而有驾轻就熟的感觉，学生感到越来越不安、沮丧和气馁。教授走进练习室。学生再也忍不住了。他必须向钢琴大师提出这3个月来不断折磨自己的质疑。

还没等学生开口，教授就以不容置疑的态度抽出最早的那份乐谱，交给了学生。“弹奏吧！”他以坚定的目光望着学生。

不可思议的事情发生了，连学生自己都惊讶万分，他居然可以将这首曲子弹奏得如此美妙、如此精湛！而且这首艰涩的曲子，他以为肯定还是和以前弹得一样蹩脚。教授又让学生试了第二堂课的乐谱，学生依然呈现出超高水准的表现……演奏结束后，学生怔怔地望着老师，说不出话来。

“如果，我任由你表现最擅长的部分，可能你还在练习最早的那份乐谱，就不会有现在这样的程度……”钢琴大师缓缓地说。

人们往往习惯于表现自己所熟悉、所擅长的领域。不过，停留在这些方面的时间越长，你的成长也就越慢。有时候，看似紧锣密鼓的高难度挑战，会让人痛苦万分。然而，彻底的痛苦会让人彻悟，激发出无限的潜能。这种潜能往往会带给你意想不到的巨大力量。

承受痛苦，迎接辉煌的人生

有时候，彻悟人生就是从人生的痛处打开一个缺口，让希望的阳光缓缓散落进来。林语堂说：“人是得经历点事的，没有波澜，反而显得索然寡味。”彻悟的过程也就是一个痛苦的过程，当你瞬间恍然时，所有经受的痛苦都值了。在现实中，只有把痛苦当作瑰宝，才能让人生更有价值。

张海迪，1955年出生在山东半岛文登县的一个知识分子家庭里。5岁时，她胸部以下完全失去了知觉，生活不能自理。医生们一致认为，这种高位截瘫病人一般很难活过27岁。虽然有死神的威胁，但张海迪并不愿意向命运屈服，她在日记中写道：“我不能碌碌无为地活着，活着就要学习，就要多为群众做些事情。既然是颗流星，就要把光留给人间，把一切奉献给人民。”功夫不负有心人，掌握了一定医术的她终于能够治疗一些常见病和多发病，十几年的时间就医治了一万多人次。后来，她随父母迁到县城居住后，从保尔·柯察金和吴运铎的事迹中受到了鼓舞，从高玉宝写书的经历中得到了启示——决定走文学创作路子的她想要用自己的笔去塑造美好的形象，去启迪人们的心灵。后来，她成为山东省文联的专业创作人员，她的作品《轮椅上的梦》问世后又一次在社会上引起了强烈反响；她还翻译了英国长篇小说《海边诊所》，当她把这部书的译稿交给某出版社的总编时，这位年过半百的老同志感动得流下了热泪，并热情地为该书写了序言——《路，在一个瘫痪姑娘的脚下延伸》。此外，不断进取的张海迪还尽力帮助周围的青年，鼓励他们热爱生活、珍惜青春，努力学习为人民服务的本领，为祖国的兴旺发达献出自己的光和热。很多青少年在她的精神鼓舞下考取了中学、中专和大学；迷惘者在与她的接触中也受到了启发和教育，变得充实和高尚起来。

张海迪在轮椅上唱出了高昂激越的生命之歌，把与生俱来的痛苦当作自己生命的正能量，绽放出真正属于自己的光芒。

一个人要想取得成就，是少不了痛苦的。受的苦越多，对生活的理解就会愈加深刻，对成功的追求也会更加彻底。成功的得来不是因为苦难的累加，而是因为承受苦难积攒了相应的经验。这些经验让我们更加成熟和坚毅，也让我们更加明白，要取得成功应该去做些什么。所以，每颗心灵的深处，都有独有的痛苦和一扇面向幸福的窗户。当你在苦难中发现痛苦的新含义时，痛苦便成了迎接美好未来的曙光！

·4·
忍耐，在苦难与屈辱中涅槃

“容忍”是中国文化的最大品性，也将成为现代世界文化的最大品性。

——林语堂

人生有得意时，就会有失意时，在不利于自己的情形下，如果能够忍一时之气，不计较眼前的得失，有远大的眼光和志向，也只有这种懂得能屈能伸的人，能够在苦难与屈辱中坚忍，才能取得最后的成功，获得胜利。

林语堂在《苏东坡传》中为我们展现出了一个儒雅、豪放、坚强的苏轼。不管生活多么坎坷，一贬再贬的苏轼都选择忍耐，昂首挺胸，走得铿锵，笑得灿烂。苏轼恰恰是在这种环境下化忍耐为创造诗歌的力量，积累了更多的诗词素材。

学会忍耐，能屈能伸

很多时候，命运会捉弄你，让你备受折磨。要想把握自己的命运，就得学会忍耐，当忍则忍。

从古至今成大业者，忍是一种必备的品格。

韩信受胯下之辱、张良受老儿捉弄之苦，都是在训练自己的忍耐力。

埃涅阿斯在特洛伊城被攻破的时候，他没有绝望，反而英勇地参加战斗，最后万般无奈，只好背着父亲，带着妻子、儿子从大火中逃走，妻子在途中走散被杀。经历了千辛万苦终于建立了古罗马，苏格拉底曾经对埃涅阿斯的逃跑大为赞赏，认为他有坚毅的性格，能忍他人不能忍的耻辱，这才是真英雄。

三国时期，有一个有名的才子，名叫祢衡。本来，曹操让他担任军务秘书长一职也是出于好意，但祢衡来了之后，曹操却没有请他入坐，这对于生性高傲的祢衡是一种伤害。果然，自恃才能的祢衡开始挖苦曹操手下无能人。大权在握的曹操也毫不示弱，命令祢衡按规定仪式、穿随身衣服给自己击鼓，想要以此羞辱祢衡，祢衡也不拒绝。于是，换了衣服的祢衡便当众击了一曲《渔阳掺挝》，在座的人无不感动得流下眼泪。随后，曹操手下人坚持要祢衡换衣，谁知祢衡干脆裸体击鼓来羞辱曹操是国贼。此时，一片喊杀声，但曹操却很冷静，他容忍了祢衡，选择了顾全大局。试想，如果当时曹操杀死了这个手无寸铁的祢衡，不仅会使他背上忌才害贤的罪名，而且还会让天下人对他望而却步。很显然，这一系列的事情曹操都做得很好，也正是曹操的这种忍耐和大度，才让他赢得了很多人才，建立了伟大功业。

忍耐，是一味忍让退避吗？错！忍耐是随势而动。忍耐，需要我们仔细观察，对那些强大的事物要暂时隐忍、蓄力退避，力争赢得最后一战。量与质的关系，更是有着忍耐的智慧。忍耐带给了我们力量和机会，所以，我们在人生不顺的时候要学会忍耐。如果我们收回拳头，那一定不是因为我们放弃了搏击，而是我们在积蓄力量，为打出更有力的一拳做准备。

忍耐，改变自己的人生

林语堂认为忍耐是中国人民的一大美德，是文化与环境浸润的结果，是中国人心理状态的一部分。他曾说：“我们最重要的不是去计较真与伪，得与失，名与利，贵与贱，富与贫，而是如何好好地快乐度日，并从中发现生活的诗意。” 生活中，忍耐更是一种修行，渗透着一种非凡的执着和热爱。它是面对困难的坚强，面对重压的坚持，面对责任和道义的恪守。

春秋时，越王勾践被吴王夫差打败退守在会稽山上，勾践被迫屈膝投降，并随夫差至吴国，臣事吴王，后被赦归返。勾践自战败以后，时刻不忘会稽之耻，忍辱负重，日日卧薪尝胆，反躬自问“汝忘会稽之耻邪？”他重用范蠡、文种等贤人，经过“十年生聚而十年教训”，使越之国力渐渐恢复起来。可是吴王对此却毫不警惕。后来，勾践一举攻破吴国，吴王被杀。正因为越王勾践能够忍辱负重，才有了后来的灭吴称霸，成为春秋末期最后的一个霸主。反过来，如果越王勾践逞一时之英雄，不忍一时之气，不愿意屈膝投降并臣吴，恐怕早就被吴王杀了，更不会有以后的伟大功业了。

孟子云：“天将降大任于斯人也，必先苦其心志，劳其筋骨，饿其体肤……”能够忍一时之气，是成就事业必须具备的基本素质，“小不忍则乱大谋”。

俗话常说：人生不如意十之八九。人活一世，无论在是生活还是工作中，都不可能一帆风顺，总会遇到一些这样或那样的不平事、烦心事，遇到这些事怎么办？人与人之间，也很容易出现矛盾和摩擦，遇到这种事，又该怎么办呢？有些人难以控制自己，经常为了一时之气而消极抵抗甚至吵闹打骂。这样既解决不了任何问题，又伤了和气，还对自己造成了不利的影响，实在是得不偿失。

当然，忍耐并不是要我们忍气吞声，甘于受委屈。它是一股鞭策自己的韧劲，让我们磨练自己的意志；是一双创造温暖和睦的手，让我们化解人与人之间的矛盾；是一首高亢激昂的乐曲，每时每刻都在提醒着我们要斗志昂扬。

·5·
失败亦有真人生

在他失败的时候，他要怎样呢？失败会唤起他的更多的勇气吗？失败能使他发挥出更大的努力吗？失败能使他发现新力量，唤出潜在力吗？失败了以后，是决心加倍的坚强呢？还是就此灰心意冷？

——林语堂

在林语堂的一生中，不管是面对怎样的人生困境和事业窘迫，他都一如既往地朝自己的目标前进。人生且行且珍惜，具有真实意义的人生岂能不经历失败？

在林语堂眼里，他认为人生的快乐是感性的，而人生的失败也是感性的。“什么是失败呢？”失败是生活中的困难和挫折，它一直陪伴着你，考验着你的情感、意志和信念。林肯说过：“我主要关心的，不是你是不是失败了，而是你对失败是不是甘心。”世界上并没有永远的失败者，也没有永远的成功者。许多人之所以成功，就是受赐于先前的层层失败。

失败是成功之母

在美国，有一位穷困潦倒的年轻人把身上全部的钱加起来都不够买一件像样的西服，但他却全心全意地坚持着自己的心中梦想，仍想做演员拍电影、当明星。当时，好莱坞共有500家电影公司，心知肚明的他根据自己认真画定的路线与排列好的名单顺序，并带着为自己量身订做的剧本前去一一拜访。但500家电影公司没有一家愿意聘用他。不过，这位年轻人在这些拒绝面前并没有灰心。他从最后一家被拒绝的电影公司出来后，又从第一家开始，继续他的第二轮拜访与自我推荐。在第二轮的拜访中，拒绝他的仍是500家。第一轮、第二轮、第三轮……三轮全都被拒绝的这位年轻人还是不甘心，又咬牙开始了他的第四轮拜访。拜访完第349家后，他终于被第350家电影公司的老板破天荒地接受了，愿意让他留下剧本看一看。几天后，年轻人受邀前去详细商谈，这家公司就在这次商谈中决定投资开拍一部名叫《洛奇》的电影，并请这位年轻人担任自己所写剧本中的男主角。

这位年轻人就是史泰龙。现在，这个红遍全世界的巨星史泰龙与这部名叫《洛奇》的电影皆在电影史中榜上有名。

先后经历过1849次碰壁的史泰龙并没有打退堂鼓，而是选择了坚持不懈地走下去。第1850次的成功，也让我们见证了史泰龙的真人生。

不愿意面对失败与不愿意承认失败同样不可取，人生最大的失败就是永不失败和永不敢败。“宝剑锋从磨砺出，梅花香自苦寒来。”只要你能够把失败当成人生必修的功课之一，就一定能发现所有失败的经历都会给自己带来一些意想不到的益处。从失败中获益，从勤奋中崛起，把失败当作人生成功的基础才是最好的选择。

失败，也不能失去前进的斗志

失败是人人都会遇到的伤痛，但这种伤痛是一种成长的必经之痛，一种化了妆的人生祝福。林语堂说过：“人格伟大的人，面对世间的灾祸、患难，总是不予在意。他们想的不是沮丧或者放弃，而是迎头赶上，克服它们，重拾信心。”在他看来，失败只是走上更高层次的一个阶段，是检验一个人能否走上成功的关键因素。那么，如果真的失败了我们应该怎么办呢？是畏缩、胆怯，还是继续勇往直前呢？对于真正的勇士来说，自然是不言放弃！而我们，也不妨在面对失败时以轻松的心情来勉励和调整自我，自信乐观地去迎对人生中的挑战，勇敢向前冲！

从前，一个农民的驴掉到了枯井里。那只可怜的驴在井里凄惨地叫了几个钟头，在井口急得团团转的农民更是无可奈何，不知道该用什么方法把它给救上来。最后，农民断然认定驴已经老了，这口枯井也该填起来了，不值得花这么大的精力去救驴。于是，他把所有的邻居都请来帮他填井，只见大家抓起铁锹就开始往井里填土。很快，掉到枯井里的驴就意识到发生了什么事。起初，它只是在井里恐慌地大声哭叫。不一会儿，它居然令大家都很不解地安静了下来。几锹土过后，农民忍不住朝下看了一眼，竟然被眼前的情景给惊住了。只见驴把每一铲砸到自己背上的土都做了出人意料的处理——迅速地抖落下来，然后狠狠地用脚踩紧。没过多久，驴竟把自己升到了井口，纵身一跃迅速地跑开了。

这头驴并没有害怕失败，它把握住了最后的一点儿希望。其实，生活中难免会遇到各种各样的困难和挫折，它们就像这些尘土一般落到我们的头上，我们能做的就是将它们抖落在地，狠狠地踩在脚下，唯有如此才能脱离绝望走向人生的成功。

所以，在面临失败和困难时，不为失败找理由，只为成功找方法。没有谁可以不通过蔑视、忍受和奋斗就轻而易举地征服命运。无论路途多远，不迈开双脚就无法到达，再长的路也要一步一步才能够走完。

·6·
成时儒家，败时道家

每一个中国人的心头，常隐藏有内心的浮浪特性和爱好浮浪生活的癖性。生活于孔子礼教之下，倘无此感情上的救济，将是不能忍受的痛苦。而道教是中国人民的游戏姿态，而孔教为工作姿态。这使你明白每一个道家的自然主义是付镇痛剂，所以中国人当他成功发达而得意的时候都是孔教徒，失败的时候则都是道教徒。

——林语堂

儒家和道家都讲的是人生哲学，是中国固有的传统文化。儒家的仁义道德、克己复礼，让我们正心修身；道家的圆融通达、外化内不化，让我们安身立命。儒家是伦理性的，告诉我们如何堂堂正正地度过一生；道家是自然性的，告诉你如何轻轻松松地度过一生。

林语堂在《吾国与吾民》中写道：“中国人成时儒家，败时道家。”正因为有着积极世界观的儒家与有着消极世界观的道家相互融合，才提炼出了不朽的中国人性格。生活中，如果我们能够以儒家的道德标准要求自己，以道家的圆融通达对待他人，就一定能为自己生命的修行增加助力、减少阻力，实现自己的理想。

拿得起是生存，放得下是生活

平凡的生活中有很多苦恼，最大的苦恼莫过于我们面临着太多的选择。关键时刻，无论是勇敢地前进、执着地拿起；还是明智地撤退、洒脱地放下，都需要慎之又慎的思量，因为每一种选择都可能影响深远。所以，拿得起、放得下是非常重要的处世哲学。

对于失败，每个人都会有不同的感慨。一位前重量级拳王在谈到失败时说："比赛的时候，我忽然感到自己似乎老了许多。打到第十回合，我的身体就已经伤痕累累，面部也肿了起来，两只眼睛几乎疼得睁不开，就差倒下了。当我模糊地看到裁判员高举起对方的右手，宣布他获得比赛的胜利时，就已在心里默默地承认我不再是拳王了。我很伤心，在我穿过人群走向更衣室时，有人想和我握手，有人失望地含着泪水凝视着我，那种场面，我依然记忆犹新。一年以后，再度与对手交战，我又败了。对我来说，完全不去想这件事实在是太困难、太痛苦了。但人总是要改变的，我坚定自己的意志，让自己忘掉过去，承受住现实的打击，决不能让失败打倒我。"于是，这位前重量级拳王在承认了失败的事实后，把过去的一切都抛到九霄云外，全心全意地把自己的生活和精力投入到为未来的筹划当中。他开启了具有建设性工作的忙碌生活，经营比赛、宣传和展览。他实现了自己的诺言，甚至感觉现在的生活比当拳王时的生活还要快乐，他获得了另外一种意义上的成功。

不知不觉，他也实践了莎士比亚的一句名言："聪明人永远不会坐在那里为他们的损失而哀叹，却情愿去寻找办法来弥补他们的损失。"

人要拿得起，也要放得下。拿得起是生存，放得下是生活；拿得起是能力，放得下是智慧。有的人拿不起，也就无所谓放下；有的人拿得起，却放不下。拿不起，就会庸庸碌碌；放不下，就会疲惫不堪。人生有许多东西需要放下，只有放下那些无谓的负担，才能一路潇洒前行。

儒道互补，张弛有度

生活中，我们既要学会紧张，又要学会放松。《礼记·杂记下》写道："张而不弛，文武弗能也；弛而不张，文武弗为也。一张一弛，文武之道也。"对于人来说，白天做事就是"张"，晚上睡觉就是 "弛"。人不能总是"张"或"弛"，而是张弛有度地相互配合，各得其所。

中国古代时期，有很多文人甚至统治阶级都受到了儒道互补的影响，最具代表性的莫过于汉武帝刘彻。公元前140年，武帝登基，随后便开始在朝廷上下实行自己的政治方略，并重用了许多儒生。当时，有一个很有才华天赋的儒生，叫董仲舒。他把儒家孔子的思想与法家、阴阳家等其他学派的思想融合在一起，不仅对原来孔子的思想有很大的发展，而且还建立了以儒学为主体和外壳、阴阳五行学为哲学原理的新儒学体系。一心为国的董仲舒将这一整套新儒学体系上奏给了武帝。果然，武帝非常赞赏，觉得原来以道家思想为中心的无为而治已经不适应当时的社会发展了。就这样，独尊儒家的学说成为统一的思想，后来也成为汉朝的法制指导思想，不仅为帝王的统治提供了理论根据，而且为中国2000多年的封建君主专制制度和封建社会的秩序结构提供了初步的模板，打下了牢固的基础。

儒家和道家看似相矛盾的，但矛盾所激发的灵感却可以使儒家和道家相互补足，很好地利用这种儒道互补的思想，这也正是汉武帝刘彻能够取得成就的原因之一。

儒道互补在中国古代传统文化中占有重要的地位，它的思想不仅影响了一类人，而且可以应用到生活、管理、经济的各方面。在新时期的生活中，很少有一股劲地钻研经济学问而放弃一切休闲娱乐活动的工作狂，或者是只懂得一味地享受生活却不愿意赚些养家糊口钱财的懒汉。所以，我们既要以儒家的积极进取为人生态度，又要用道家的思想调节紧张心态、顺其自然、超然通达、顺势而为。如果你有一方面暂时不尽如人意，就暂且退后，不与时争、不与天争，因为有失必有得，有 苦必有乐。

·7·

在自我解嘲中超然

倘若哲学有何用处，就是能使人自我嘲笑。我不知道我们能否称此种笑为神性的笑。我想，若把自我嘲笑这种能力称之为沦落的人类唯一自救的美德，该不是溢美之词吧。

——林语堂

自我解嘲不是人们所认为的逆来顺受、不思进取，而是随遇而安，放弃那些可望而不可即的目标。林语堂说：“人类能梦想，这是非常重要的，而同样重要的是有时能嘲笑一下自己的梦想。” 这正如他的生活态度——宇宙是无限的，人生是可以笑谈的。但是要靠自己的选择，实现人生真正的意义。一个人要做到能够自我解嘲，重要的是要怀有一颗平常心，不为名利所累、不为世俗所扰。

学会做一个会自我解嘲的人

古往今来，有很多如林语堂先生一般聪明智慧之人，都善于在处于尴尬处境时用文雅又幽默的话语来自我解嘲，使难堪之况像轻烟一样，在哈哈一笑之中飘然而去！自我解嘲是人生的智慧之花。当我们在生活中遇到交际困境时，如果能适当地使用自嘲的方式营造幽默感，那么我们就可以有效地摆脱自己的尴尬处境，给对方一种轻松感，使紧张的气氛变得和谐，有利于达到自己的目标。

希腊著名哲学家苏格拉底的老婆是个泼辣的女人，常常对他发脾气。而苏格拉底总是对旁人自嘲道："讨到这样的老婆也有很多的好处，既锻炼了我的忍耐力，又加强我的修养。"有次，苏格拉底刚一进家门，就听到老婆喋喋不休的唠叨和不堪入耳的破口大骂，苏格拉底虽然不知道是什么原因，但也早已习惯了这一切，便坐在一边抽起烟来。这时，他老婆看他对自己不理不睬，更是火冒三丈，气不打一处来，随手就端起一盆水迎头一泼，顿时苏格拉底变成了一个全身湿淋淋的"落汤鸡"。一旁的邻居见到此况，不免纳闷地问道："刚才你老婆骂你，你为何不还口呢？"苏格拉底不紧不慢地说："我知道，一阵雷电之后就会有一场倾盆大雨的。"

显然，苏格拉底也很无可奈何，但他带有自嘲意味的讥讽却使他从这一窘境中超脱出来，也显示了苏格拉底极深的生活修养。

自我解嘲是一种用夸张、嘲笑的方式来表达对某事物的独特认识，从而以诙谐、乐观的积极心态调节不良的情绪。学会自我解嘲，就会在遭遇窘境与难堪时坦然处之，用与众不同的解决方法来求得超然洒脱，给自己打拼出更光明的道路，既战胜了自己，又战胜了嘲讽！

自我解嘲，为生活增添色彩

自我解嘲是人们心理防卫的一种方式，是生活的艺术，是一种自我安慰和自我帮助，也是对人生挫折和逆境的一种积极乐观的态度。但是自嘲并不容易，它需要自嘲者放下面子，用自己的幽默换来他人的欢心。很多人之所以无法做到这一点，是因为他们把自嘲看作一种负担，太在意别人的看法。俗话说得好："人至低则无敌。"自我解嘲虽然是拿自己的短处去比较别人的长处，但却是一种自我保护，能够让彼此在哈哈一笑之中相互融洽。

一个名叫海伍德·布洛思的人把40年的积蓄投资于股票市场，在1929年的经济危机中全部丧失。当他听到这个消息时，他的反应并不是失声痛哭，也不是大喊大叫，而只是说："来得快，去得也快！"一夜之间便丧失了，不能不说"去得快"，但真的是"来得快"吗？不，我们知道那可是他花了40年的积蓄啊！

很显然，他这是跳出了自己的灾难之外来嘲讽自己。

还有一个人曾对客人夸耀自己的富有："我家无所不有！"他伸出两个指头说："所缺少的，只有天上的太阳、月亮了。"他还未说完，家里的童仆就出来说："厨房的柴禾已经用完了。"这个人又伸出指头说："缺少太阳、月亮和柴禾。"

这位主人公通过对自己的尴尬和困境的取笑，使得他潇洒地从窘境中解脱出来，恰恰表现出了他的豁达风度。

世间万物都需要保持平衡，而自我解嘲恰恰是我们实现心态平衡的一剂良方。生活中，我们难免会郁郁寡欢、会生气，如果这些不良的情绪得不到宣泄，久而久之会使我们的身心健康受到伤害。这种情况下，不妨来点幽默，适时地自嘲一番，告诉自己：一切事情都没什么大不了。这种自嘲，是一种超然物外的淡定态度，可以让我们胸怀坦荡、乐观豁达地面对一切；也只有精神放松了，才能活得潇洒自在、美好充实。

·8·

最悲伤时能哭且哭

你能哭就表示最坏的一段时期已经过去了。在悲伤的初期是没有眼泪的，直待活力恢复后，才会流得出来，眼泪已使你的情形变为松缓。

——林语堂

一个人快乐与否，在很大程度上取决于处理压力的方式。在生活中，每个人都承受着各种各样的压力，面对压力，每个人也都有着各自的表现方式。有的人压抑自己的情绪，强装坚强；有的人不能自已，放声痛哭；有的人举重若轻，轻松应对……

在林语堂看来，处理压力的最直接的方法就是哭出声来。他在《你且能哭即哭吧！》一书中向大家介绍了很多种尝试释放心中压力的方法，但很多人却因为放不下情面而不想哭。特别是男人，总是在最伤心难过的时候把眼泪往肚里咽，即使咬紧牙关、握紧拳头也一声不吭。平日里，当不良情绪来临时，我们不应一味地控制与压抑，而应该用一种恰当的方法让不良情绪远离我们。

悲伤时，让自己忙碌起来

人生本来就如一场戏，一切都在你自己怎么看待这一切。笑对人生是最好的选择，不论发生什么事都不要放弃和沮丧。要相信，我们只要让自己过得开心，就能在有限的生命中活出无限的价值。

谈起马云，人们就会在脑海中浮现出一张棱角分明、消瘦奇特的脸庞。他的经历令人叹为观止，更是在人们心中塑造了一个经典的形象。马云不仅有一派狂放不羁、特立独行的做事风格，而且还有一副两肋插刀、不计回报的古道热肠；他以一位纵横商海江湖的大侠身份风声水起，以“光明顶”命名公司会议室，与金庸密切交往，聚集互联网英雄人物“西湖论剑”……马云为什么会被当今的无数草根创业者所崇拜呢？有一个很大的原因，就是马云也曾和我们一样，是一个极其普通的人。他高考屡战屡败、屡败屡战，人生路上的3次高考不仅成为他生命中挥之不去的痕迹，而且也成为了他生命旅程中最宝贵的精神财富。他的成功历程，几乎完全是由忙碌造就。在他遭遇失败时，他没有选择悲伤，而是让自己继续忙碌起来。就这样，在一次次的失败里，在一次一次更加忙碌的征程里，他取得了成功。

人的一生很难一帆风顺，偶尔的烦恼、不顺，可以当作调料来为我们的人生增添生气。人在悲伤时容易多思多虑，把自己搞得很烦恼，这其实非常不值。努力让自己忙碌起来，做自己喜欢的事情，哪怕听听音乐、吹吹风、享受一下大自然，也可以让自己享受到人生的另一番滋味。

悲伤时哭出来更痛快

哭，对人的心理有保护作用。特别是人在遭到重大的精神创伤、不幸和挫折或陷入可怕的绝望和忧虑时，哭出来比憋在心里好受得多，还会挽回畅快的心情。

美国诗人丁尼生曾在一首诗里记述了这样一件事：一位战士战死后，别人将他冰冷的尸体带到他妻子面前，见上最后一面。不料，见到丈夫尸体的妻子虽然悲痛欲绝，却只是发呆而没有哭。一位学者说：“必须哭，否则她会死去。”可是，在场的所有人想尽千方百计都没有能让她哭出来。这时，一位聪明的妇女将她的小孩子带到她的眼前，看到唯一希望的她终于哭了，说："我的孩子，我为你而活着。"在面对突如其来的严重打击时，哭出来就会减缓悲伤者高度的心理紧张，避免不幸后果的发生。

近年来，科学家经过研究也提出了一些新的理论观点，认为人在极度痛苦或过于悲痛时痛哭一场，往往会收到积极的心理效应，可以防止痛苦越陷越深而不能自拔。

1957年，美国化学家布鲁纳西首先发现，动感情的眼泪比由洋葱刺激而流的眼泪含有更多的蛋白质；美国生物学家弗雷通过研究也发现，一个人在悲痛时流的眼泪与因伤风感冒或风沙入眼所流的眼泪有着不同的化学成分。弗雷指出："我们已经知道，紧张的情绪可以改变人体内的化学平衡，过去主要是通过检验血和尿的成份来判断，但检查眼泪更为容易。"人在悲伤时不哭，是对健康不利的。

眼泪代表着一种突破和果断，可以使人的情绪变得松弛，只有敢于面对压力的人才能无所顾忌地哭出声来。林语堂说："你能哭就表示最坏的一段时期已经过去了。在悲伤的初期是没有眼泪的，直待活力恢复后，才会流得出来，眼泪已使你的情形变为松缓。"所以，当你悲伤或心情压抑时，就大哭一场吧。

图书在版编目（CIP）数据

听林语堂谈生活艺术 / 王恬著 .—北京：时事出版社，2016.5

ISBN 978-7-80232-978-2

Ⅰ . ①听… Ⅱ . ①王… Ⅲ . ①林语堂（1895 ~ 1976）- 人生哲学 - 通俗读物 Ⅳ . ① B821-49

中国版本图书馆 CIP 数据核字（2016）第 053142 号

出 版 发 行：时事出版社
地　　　址：北京市海淀区万寿寺甲 2 号
邮　　　编：100081
发 行 热 线：（010）88547590　88547591
读者服务部：（010）88547595
传　　　真：（010）88547592
电 子 邮 箱：shishichubanshe@sina.com
网　　　址：www.shishishe.com
印　　　刷：北京建泰印刷有限公司

开本：787 × 1092　1/16　印张：18　字数：230 千字
2016 年 5 月第 1 版　2016 年 5 月第 1 次印刷
定价：32.00 元
（如有印装质量问题，请与本社发行部联系调换）